Quantenphysik

Von Dieter Schuster

Buchbeschreibung:

Die Quantenphysik ist die fundamentalste physikalische Theorie, die wir haben. Sie dringt tief in die Welt der Atome und ihre Bestandteile ein. Doch sie hat zwei Seiten. Einerseits liefert sie äußerst präzise Vorhersagen zu den experimentellen Resultaten. Andererseits steckt sie voller Rätsel, sie ist regelrecht mysteriös. Es ist genau dieser Konflikt, der die Quantenphysik so faszinierend macht. Das soll mein Buch vermitteln.

Die Quantenphysik ist mittlerweile fast 100 Jahre alt, aber eine Lösung ihrer Rätsel ist nicht in Sicht. Woran liegt das? Im letzten Teil des Buches stelle ich meine eigenen Gedanken hierzu vor. Ich gehe davon aus, dass unser materielles Weltbild unvollständig ist. Das zeigt sich nicht nur bei den Rätseln der Quantenphysik, es zeigt sich auch bei unserem Bewusstsein, für das es nicht den Hauch einer Erklärung gibt. Wie aber muss das materielle Weltbild ergänzt werden? Ich präsentiere hierzu einen Vorschlag, der sowohl Lösungsansätze für die

Rätsel der Quantenphysik als auch den Schlüssel zum Bewusstsein liefert.

Über den Autor:

Dr. Dieter Schuster lebt in Köln, wo er seit vielen Jahren als Physiker in verschiedenen Funktionen wissenschaftlich tätig ist. Sein Hauptinteresse gilt der Quantenphysik und der Beziehung zwischen Bewusstsein und Materie.

Quantenphysik

Eine leicht verständliche Einführung

Von Dieter Schuster

1. Auflage, 2018

Mathias-Brüggen-Str. 2

50827 Köln

Inhaltsverzeichnis

Einleitung

Die Quantenphysik, ab sofort sage ich Quantentheorie, ist die fundamentalste physikalische Theorie, die wir haben. Sie dringt in die Welt des Allerkleinsten vor, in die Welt der Atome und ihre Bestandteile. Aber die Quantentheorie zeigt auch, dass wir dort offensichtlich an die Grenzen unseres Erkenntnisvermögens stoßen. Denn sie ist fast 100 Jahre nach ihrer Entstehung immer noch völlig rätselhaft. Man kann sogar sagen, sie ist mysteriös. Die Rätsel der Quantentheorie stehen im Mittelpunkt dieses Buches.

Sie blicken sich um und sehen, so drückt es die Physik aus, Objekte mit festen und veränderlichen Eigenschaften. Der Ball dort ist rot, das ist eine seiner festen Eigenschaften. Aber er kann bewegt werden, sich also an unterschiedlichen Orten befinden. Auch kann er schnell oder langsam bewegt werden und somit unterschiedliche Geschwindigkeiten aufweisen. Ort und Geschwindigkeit sind somit veränderliche Eigenschaften. Solange der Ball nicht bewegt wird, befindet er sich an einem einzigen Ort. Klar, wie soll es auch anders sein. In der Quantenwelt ist es aber anders. Machen wir ein Gedankenexperiment (das wird es in diesem Buch häufiger geben): Wir verkleinern den Ball immer weiter, bis er die Größe eines Atoms hat. Dann geschieht etwas völlig Verrücktes: Er befindet sich an vielen verschiedenen Orten gleichzeitig. Das nennt man einen Superpositionszustand. Sie schütteln den Kopf? Tatsächlich ist das ein kniffliges Thema und es herrscht keine Einigkeit, wie wir noch ausführlich diskutieren werden. Die Superpositionszustände selbst sind unstrittig, sie folgen aus dem mathematischen Formalismus der Quantentheorie. Die Frage ist aber, wie sie zu interpretieren sind. Da gibt es sehr unterschiedliche Vorstellungen. Ich habe eben gesagt, dass der Ball, wenn er die Größe eines Atoms hat, sich an vielen Orten gleichzeitig befindet. Was bedeutet „befinden“? Das ist die große Frage.

Kehren wir zum richtigen Ball zurück. Woher kennen Sie seinen Ort? Weil Sie ihn sehen. Er reflektiert Licht und ihre Augen registrieren es. Die Physiker nennen dies eine Messung. Genauer gesagt eine Ortsmessung. Denn da Sie den Ball sehen, wissen Sie, wo er ist. In diesem Fall ohne Hilfsmittel. In völliger Dunkelheit benötigen Sie zur Ortsmessung ein Hilfsmittel, beispielsweise eine Taschenlampe. Und wenn wir zu unserem Gedankenexperiment zurückkehren und den Ball immer mehr verkleinern, dann benötigen Sie irgendwann ein Mikroskop.

Weiter oben habe ich gesagt, dass der Ball, sobald er zur Welt der Atome gehört, sich in einem Superpositionszustand aus vielen verschiedenen Orten befindet. Wenn Sie es nicht glauben, dann können Sie ja eine Ortsmessung durchführen. Beispielsweise mit einem Elektronenmikroskop, damit dringt man bis in atomare Bereiche vor. Was ist das Ergebnis? Der Ball ist an einem einzigen Ort. Klar, werden Sie sagen, weil das mit den unterschiedlichen Orten gar nicht stimmt. Das widerspricht ja auch dem gesunden Menschenverstand. Leider aber spricht sehr viel dafür, dass der Ball sich vor der Messung doch in einem Superpositionszustand aus vielen verschiedenen Orten befunden hat. Warum führt dann eine Messung immer nur zu einem einzigen Ort? Das nennt sich das Messproblem. Zu seiner Lösung gibt es verschiedene Vorschläge, die wir ausführlich diskutieren werden. Überzeugend ist keiner. Obwohl das ein ganz fundamentales Thema darstellt und die Quantentheorie mittlerweile fast 100 Jahre alt ist.

Lässt sich der bei einer Messung übrigbleibende Ort wenigstens mittels der Quantentheorie berechnen? Leider nicht exakt, man kann nur Wahrscheinlichkeiten angeben, so ähnlich wie beim Würfeln. Albert Einstein (1879 – 1955) hat zwar bei der Entstehung der Quantentheorie mitgewirkt, wie wir im nächsten Kapitel sehen werden. Später war er aber ein vehementer Gegner. Die Wahrscheinlichkeiten zeigten ihm, dass die

Quantentheorie unvollständig ist, sein berühmter Spruch hierzu: „Gott würfelt nicht“. Wie Sie noch sehen werden, halten die Diskussionen zu diesem Thema bis heute an.

Das mysteriöseste Phänomen überhaupt ist die Verschränkung. Klingt harmlos, ist es aber nicht. Denn zwei verschränkte Objekte können sich augenblicklich beeinflussen, auch wenn sie Lichtjahre voneinander entfernt sind. Dass der mathematische Formalismus der Quantentheorie zur Verschränkung führt, wurde 1935 von Albert Einstein entdeckt. Wie Sie bereits wissen, war er mit der Quantentheorie nicht zufrieden. Die Verschränkung stellte für ihn ein absurdes Phänomen dar. Er nannte sie die „spukhafte Fernwirkung“ und hielt ihre Existenz für völlig ausgeschlossen. Sie war für Einstein vielmehr neben den Wahrscheinlichkeiten der Beweis, dass die Quantentheorie unvollständig ist. Mittlerweile aber konnte die Verschränkung experimentell nachgewiesen werden. Zwar nicht für Lichtjahre voneinander entfernte Objekte, aber die Physiker sind davon überzeugt, dass es keine räumliche Grenze gibt. Allerdings hat sich die Verschränkung bislang jeder Erklärung entzogen. Das deutet klar darauf hin, dass unser materielles Weltbild ergänzt werden muss. Im vorletzten Kapitel komme ich darauf zurück.

Das Erste, was man von der Quantentheorie hört, ist, dass sie „unscharf" ist. Genauer gesagt kennen die meisten Menschen den Begriff der Heisenbergschen Unschärferelation. Wobei man besser Unbestimmtheitsrelation sagen sollte, weil „Unschärfe" mehr nach einem Bedienungsfehler bei einer Kamera klingt. Natürlich gehe ich in diesem Buch auf sie ein. Sie steht im engen Zusammenhang mit den Superpositionszuständen. Aber sie spielt nicht, wie man oft liest, eine zentrale Rolle. Der zweitbekannteste Begriff aus der Quantentheorie ist Schrödingers Katze. Das bezieht sich auf ein vom berühmten Physiker Erwin Schrödinger (1887 – 1961) ausgedachtes Gedankenexperiment. So wie Albert Einstein war er ein Gegner der Quantentheorie, obwohl beide zu ihren Pionieren gehörten. Gemäß dem mathematischen Formalismus der Quantentheorie ist die Katze gleichzeitig tot und lebendig (in einem späteren Kapitel erläutere ich das genauer). Mit diesem absurden Resultat wollte Schrödinger, so wie Einstein bei den Wahrscheinlichkeiten und der Verschränkung, auf die Unvollständigkeit der Quantentheorie hinweisen.

In ihrer jetzigen Form ist die Quantentheorie zweifellos nicht das letzte Wort. Das zeigen die immer noch vorhandenen riesigen Probleme. Hinzu kommt noch, dass sie nicht mit der allgemeinen Relativitätstheorie zusammenpasst. Es wird also irgendwann eine fundamentalere Theorie geben, die beide Theorien vereint. Wie könnte sie aussehen? Das ist unklar. Momentan wird die Stringtheorie favorisiert, überzeugend ist sie aber nicht.

Bislang haben wir nur von Problemen gesprochen. Gibt es zur Quantentheorie eigentlich auch Positives zu vermelden? Ja, denn sie stimmt bei den Objekten der Quantenwelt, den Atomen, Molekülen und ihren Bestandteilen, sehr präzise mit der Realität überein. In dem Sinne, dass die von ihr gelieferten Vorhersagen ganz exakt von allen bislang durchgeführten Experimenten bestätigt wurden. Daher genießt sie eine sehr hohe Akzeptanz, trotz der Probleme. Aber gerade die sind es, die die Faszination der Quantentheorie ausmachen, denn dadurch ist sie alles andere als langweilig.

Ein paar Worte zu mir. Ich bin Physiker, habe aber nach der Promotion den universitären Bereich verlassen und war viele Jahre in der Forschung und Entwicklung bei verschiedenen Unternehmen tätig. Seit einigen Jahren widme ich mich wieder stärker der Physik. Nennen wir mich einen freiberuflichen Wissenschaftler.

Was ist der Unterschied zwischen den Universitäten und der Industrie? An den Universitäten können Sie unverständlich reden. Alle hören trotzdem andächtig zu und versuchen herauszufinden, was das Unverständliche bedeuten könnte. In der Industrie werden Sie nach wenigen Minuten unterbrochen, denn da muss man Klartext reden, alles andere ist Zeitverschwendung. Daher müssen Sie mich als jemanden betrachten, der zwar in diesem Buch sein Wissen als Physiker einbringt. Aber so, wie er es in der Industrie gelernt hat, nämlich als „Klartext" und nicht als unverständliches Geschwafel. Das hoffe ich jedenfalls.

Das wirkliche Alleinstellungsmerkmal dieses Buches stellt das vorletzte Kapitel dar. Denn ich habe mir meine eigenen Gedanken zu den Problemen der Quantentheorie gemacht. Insbesondere habe ich über die Verschränkung nachgedacht und kann eine Erklärung anbieten, die ich die Hypothese der inneren Welt nenne. Sie basiert nicht auf neuer Mathematik, sondern stellt die Ergänzung des materiellen Weltbildes dar. Mit ihr lässt sich erstaunlicherweise auch das Messproblem lösen. Und nicht nur das, mittels der Hypothese der inneren Welt kann etwas erklärt werden, was gar nichts direkt mit Physik zu tun hat: unser Bewusstsein. Und die Erklärung zeigt, dass es durchaus möglich ist, dass es unseren Tod überdauert.

Was macht die Physik?

Mathematik und Astronomie

Zweifellos haben Sie in der Schule Physik gelernt. An was erinnern Sie sich? Vermutlich daran, dass sie immer mit Mathematik verbunden ist. Was die Attraktivität der Physik nicht unbedingt erhöht. Aber man kommt leider nicht um die Mathematik herum, sie ist für die Physik unentbehrlich. Trotzdem lässt sich praktisch alles auch ohne Mathematik erläutern, so wie ich es in diesem Buch mache. Es gibt nur eine einzige Formel. Zwar heißt es, dass jede Formel die Verkaufszahlen eines Buches halbiert, aber das muss ja nicht stimmen.

Die Mathematik ist älter als die Physik, sie wurde schon im antiken Griechenland aktiv betrieben. Vor allem in Form von Geometrie und Zahlenlehre. In der Geometrie beschäftigt man sich mit Figuren, zum Beispiel mit Dreiecken. Von Pythagoras (570 v. Chr. – 510 v. Chr.) stammt der berühmte Satz über den Zusammenhang zwischen den Längen der drei Seiten eines rechtwinkligen Dreiecks. Neben der Geometrie hat man sich im antiken Griechenland auch mit Zahlen beschäftigt. Besonderen Eindruck haben die irrationalen Zahlen gemacht. Zwei Zahlen können beliebig eng beieinanderliegen, man findet zwischen ihnen stets unendlich viele andere. Trotzdem gibt es seltsamerweise noch Lücken, darunter versteht man Zahlen, die sich nicht als Bruch schreiben lassen. Wie zum Beispiel die Wurzel aus 2. Das sind die irrationalen Zahlen. Neben den eher sachlichen Aspekten gab es auch die Zahlenmystik. Sie dauert bis heute an: Glückszahl 7, Unglückszahl 13 oder 666 für den Teufel.

Physik im heutigen Sinne existierte im antiken Griechenland noch nicht. Sehr wohl aber die Astronomie. Hervorzuheben ist hier Ptolemäus (um 100 – nach 160). Von ihm stammt die Vorstellung, dass sich die Erde im Mittelpunkt des Universums befindet und alle Planeten, auch Sonne und Mond, um sie kreisen. Das gefiel den Menschen und insbesondere der katholischen Kirche. Widerlegt wurde daher das ptolemäische Weltbild erst im 16. Jahrhundert durch Nikolaus Kopernikus (1473 – 1543). Und Johannes Kepler (1571 – 1630) fand dann heraus, dass die Planeten sich nicht auf Kreisen, sondern auf Ellipsen bewegen.

Zurück zur Mathematik. Sie beschäftigt sich auch heute noch mit Geometrie und Zahlen. Aber sie ist sehr viel reichhaltiger geworden. Schlagen Sie ein Mathematikbuch auf, dann finden Sie kaum geometrische Figuren und Zahlen, dafür aber viele Symbole. Die Mathematik ist deutlich abstrakter geworden. Die uralte Frage lautet, ob sie eine Erfindung des Menschen darstellt oder eine unabhängige Existenz besitzt. Das ist bis heute umstritten. Aber die meisten Mathematiker und erst recht die Physiker tendieren zur unabhängigen Existenz. Diese Vorstellung geht auf Platon (428 v. Chr. – 348 v. Chr.) zurück und schon sind wir wieder im antiken Griechenland. Er sprach allerdings nicht von der Mathematik, sondern von der Welt der Ideen und der perfekten Formen. Die dem Universum als Vorbilder dienen. Schließen wir uns der Mehrheit an und gehen von der eigenständigen Existenz der Welt der Mathematik aus. Was also ist das Universum? Per Definition stellt es die Gesamtheit dessen dar, was existiert. Folglich umfasst es zwei Welten. Einmal die materielle Welt, das ist die Welt aus Materie und Energie, eingebettet in Raum und Zeit. Zum Universum gehört aber auch noch die Welt der Mathematik, der wir ja eine eigenständige Existenz losgelöst von uns Menschen zusprechen.

Aber ist sie so beschaffen, wie wir sie kennen? Zweifellos nicht, denn das, was wir kennen, wird von unseren Gehirnen konstruiert. Das gilt sowohl für die materielle Welt als auch für die Welt der Mathematik. Beide sind also in Wirklichkeit anders, aber es gibt zweifellos einen Zusammenhang. Auch wenn der uns zwangsläufig immer verschlossen bleiben muss. Daher gehen die Physiker und Mathematiker den pragmatischen Weg und ignorieren die grundsätzlich unbekannten Unterschiede. Aber man sollte, so denke ich, immer im Hinterkopf behalten, dass das, was wir als die materielle Welt und die Welt der Mathematik bezeichnen, vom menschlichen Gehirn „eingefärbt“ wird. Wir kennen nur die menschlichen Versionen dieser Welten. Außerirdische, falls es sie gibt, könnten daher eine völlig andere Vorstellung von beiden Welten haben.

Der mathematische Physiker Roger Penrose (geb. 1931) geht von der Existenz von drei Welten aus, für ihn kommt noch die Welt des Bewusstseins hinzu [1]. Zweifellos ist die materielle Welt mit ihr verbunden, denn das Bewusstsein taucht ja in den Gehirnen auf. Wie aber ist es beschaffen? Da tappt man völlig im Dunkeln. Zwar haben die Neurowissenschaftler herausgefunden, dass es im Gehirn sogenannte Korrelate des Bewusstseins gibt. Damit ist gemeint, dass ein Zusammenhang zwischen den Inhalten des Bewusstseins und der Aktivität des Gehirns feststellbar ist. Mit der Betonung auf den „Inhalten“. Woher das Bewusstsein selbst kommt, dazu können die Neurowissenschaftler nichts sagen. In der Einleitung habe ich mitgeteilt, dass die Verschränkung zeigt, dass das materielle Weltbild unvollständig ist. Gleiches gilt für das Bewusstsein. Wie aber muss man das materielle Weltbild ergänzen? Im vorletzten Kapitel stelle ich hierzu einen Vorschlag vor.

Die Welt des Bewusstseins, sie schließt das Denken mit ein, ist nicht nur mit der materiellen Welt, sondern auch mit der Welt der Mathematik verbunden. Weil wir ja Mathematik betreiben können. Wobei es da große Unterschiede bei den Menschen gibt. Woher die kommen, ist unklar. Aber sicher ist, dass Mathematik eine Begabung darstellt, also etwas, was einem in die Wiege gelegt wird. Denn man kann sie nur sehr begrenzt lernen. Das zeigen die besten Mathematiker wie Carl Friedrich Gauß (1777 – 1855) oder Bernhard Riemann (1826 – 1866), die schon als Kinder, also ohne große Vorkenntnisse, mathematische Wundertaten vollbrachten. Noch eindrucksvoller war der Inder Srinivasa Ramanujan (1887 – 1920). Der hatte gar keine Schulbildung, trotzdem flossen die mathematischen Erkenntnisse mühelos aus ihm heraus. Wie sagt Paul Davies treffend in seinem Buch „Der Plan Gottes“: Manche Menschen können zwei Meter hoch springen, die meisten aber kaum einen Meter. Mit den mathematischen Genies ist das so, als ob einige wenige zwanzig Meter hoch springen könnten.

Warum haben wir einen Zugang zur Welt der Mathematik? Das ist rätselhaft, denn sie bringt keinen Überlebensvorteil mit sich. Warum dann sollten sich mathematische Fähigkeiten entwickelt haben? Keiner weiß es.

Was sind physikalische Theorien?

Jetzt zur Physik, also zur Verbindung zwischen der materiellen Welt und der Welt der Mathematik. Wie schon festgestellt, haben wir Zugang zu beiden Welten. Mit den Sinnen nehmen wir die materielle Welt wahr und erkennen in ihr eine Ordnung. Durch unser Denken können wir in die Welt der Mathematik eintauchen. Erstaunlicherweise lassen sich in ihr die physikalischen Gesetze finden, mit denen sich die Ordnung der materiellen Welt zusammenfassen lässt. Wieder muss man sagen, dass völlig unklar ist, warum das funktioniert.

Das Finden der physikalischen Gesetze ist zweifellos knifflig und es gehört auch sehr viel Kreativität dazu. Die größten Fortschritte in der Physik wurden daher von Menschen zwischen Mitte zwanzig und Anfang dreißig gemacht. Die Erfahrung nimmt zwar mit dem Alter zu, aber die Kreativität nimmt ab. Oder sagen wir besser, der Wille zu Neuem. Das ist auch meine Erfahrung aus den Entwicklungsabteilungen in der Industrie. Der Standardspruch der älteren Kollegen: „Das wissen wir schon seit 20 Jahren, dass das nicht funktioniert“.

Die physikalischen Gesetze werden zu „Theorien“ zusammengefasst. Die weisen zwei zentrale Merkmale auf. Erstens müssen sie mit der materiellen Welt, also der Realität, übereinstimmen. Und zweitens dürfen sie nicht nur beschreiben, sie müssen auch erklären. Wobei jede Theorie zwar erklärt, aber das Erklärende selbst stets unerklärlich bleibt. Das sieht man sehr schön bei den Planetenbahnen. Sie wurden, wie bereits erwähnt, von Johannes Kepler korrekt als Ellipsen beschrieben, er lieferte für sie aber keine Erklärung. Daher wird sein Werk auch nicht eine Theorie genannt. Die erste Theorie hierzu stellte Isaac Newton (1642 – 1726) auf. Im Mittelpunkt steht sein Gesetz für die Gravitationskraft. Mit ihm lassen sich die Ellipsenbahnen erklären. Die Gravitationskraft selbst konnte er aber nur beschreiben, er konnte sie nicht erklären. Das gelang dann Albert Einstein. Seine allgemeine Relativitätstheorie erklärt die Gravitationskraft mittels der Raumzeitkrümmung. Sie selbst wird aber von der allgemeinen Relativitätstheorie nur beschrieben. Auf eine Erklärung warten wir noch immer.

Nochmals das Prinzip: Jede Theorie enthält Erklärungen, die sie selbst aber nicht erklären kann. Das zeigt ganz klar, dass die Physik nie wird alles erklären können, dass sie immer ihre Grenzen haben wird. Eine „Theorie von Allem“, also eine Theorie, die alles erklärt, ist daher reine Illusion. Würde zum Beispiel irgendwann eine Theorie entdeckt werden, die die

Raumzeitkrümmung erklärt, dann wäre das nur dann die „letzte“ Theorie, wenn sich das, was die Raumzeitkrümmung erklärt, auch selbst erklären könnte. Das scheint mit schon aus logischen Gründen unmöglich, auch wenn viele Physiker davon überzeugt sind, dass eine „Theorie von Allem“ möglich ist. Hinzu kommt, dass wir uns erst vor wenigen Millionen Jahren vom Affen getrennt haben. Damit will ich sagen, dass unser Erkenntnisvermögen seine Grenzen hat. Irgendwann könnte Schluss sein mit bahnbrechenden neuen Theorien und vielleicht sind wir davon gar nicht mehr so weit entfernt. Hierzu ein Beispiel: Sie besitzen möglicherweise einen Hund. Der fährt manchmal in Ihrem Auto mit und springt auch gehorsam vor der Abfahrt in das Auto. Er nimmt also das Auto zweifellos wahr. Aber wir müssen davon ausgehen, dass er nicht versteht, was ein Auto ist. Würden Sie erwarten, dass in 10.000 Jahren die Hunde verstehen werden, was ein Auto ist? Natürlich nicht. Ganz ähnlich ist es bei uns Menschen, allerdings auf einem höheren Niveau.

Die physikalischen Gesetze ergeben sich aus dem kreativen Nachdenken über das, was man mit den Sinnen beobachtet. Erstaunlicherweise entdecken wir dann manchmal Dinge, mit denen wir niemals gerechnet hätten. Ein verblüffendes Beispiel hierfür ist die Dirac-Gleichung, 1928 vom englischen Physiker Paul

Dirac (1902 – 1984) aufgestellt. Sie liefert etwas, an das Paul Dirac bei ihrer Formulierung auch nicht im Entferntesten gedacht hatte, die Existenz von Antiteilchen. 1932 wurde das erste Antiteilchen, das Positron, dann auch tatsächlich in der kosmischen Strahlung nachgewiesen. Das macht es sehr unwahrscheinlich, dass die physikalischen Gesetze eine Erfindung des Gehirns darstellen. Wir entdecken sie vielmehr und es ist völlig unerklärlich, warum wir dem Universum seine Geheimnisse, zumindest teilweise, entlocken können.

Alle Physik ist Mathematik, aber nur sehr wenig Mathematik ist Physik. Man kann sich daher viele Theorien ausdenken, die nichts mit der Realität zu tun haben. Das ist ein riesiges Problem, könnte zum Beispiel auf die Stringtheorie zutreffen. Die Welt der physikalischen Gesetze ist nur ein winziger Teil der Welt der Mathematik. Da drängt sich natürlich die Frage auf, wer für die Auswahl gesorgt hat. „Auswahl" klingt nach Gott, was den Physikern naturgemäß nicht gefällt. Daher sagt der schwedisch-amerikanische Physiker Max Tegmark (geb. 1967), dass es gar keine Auswahl gibt. Es existieren unendlich viele verschiedene Universen und alle Mathematik ist in irgendeinem dieser Universen realisiert [2].

Wie schon festgestellt, gelingt es nicht vielen Menschen, tief in die Welt der Mathematik einzutauchen.

Aber die, die das können, sind nicht unbedingt in der Lage, das mit der materiellen Welt zu verbinden. Was will ich damit sagen? Dass die meisten Physiker bessere Mathematiker als Physiker sind. Albert Einstein zum Beispiel war ein eher schlechter Mathematiker (schlecht auf hohem Niveau), aber er hatte wie kein anderer einen Blick für die Prinzipien, die hinter der Ordnung in der materiellen Welt stecken. War also ein viel besserer Physiker als Mathematiker. Ich denke, dass genau das ihn so erfolgreich machte. Er verzettelte sich nicht in vermeintlich „schöner" Mathematik, sondern konzentrierte sich auf die Realität. Hier ein Zitat von ihm: „Mach' dir keine Sorgen über deine Schwierigkeiten mit der Mathematik. Ich kann dir versichern, dass meine noch größer sind".

Was unterscheidet einen Physiker von einem Mathematiker, wenn nach der Lösung für eine Gleichung gesucht wird? Der Physiker schreibt die Lösung hin, der Mathematiker untersucht langwierig, unter welchen Bedingungen es keine Lösung oder unendlich viele Lösungen gibt.

Ich formuliere das noch etwas anders anhand einer kleinen Geschichte, die zusätzlich die Ingenieure mit ins Spiel bringt: Ein Ingenieur, ein Physiker und ein Mathematiker sitzen im gleichen Zugabteil. Der Zug überquert die Grenze nach Frankreich und auf einer

Wiese steht eine Kuh. Der Ingenieur sagt: „Hier in Frankreich sind die Kühe ja alle schwarz." Antwortet der Physiker: „Nein, es gibt mindestens eine Kuh, die schwarz ist." Fügt der Mathematiker hinzu: „Nein, es gibt mindestens eine Kuh, die mindestens auf einer Seite schwarz ist."

Da steckt viel Wahrheit drin. Die Ingenieure brauchen nicht besonders tief zu hinterfragen, sie müssen zielführend arbeiten. Die Physiker sind genauer, orientieren sich aber an der Realität. Die Mathematiker sind abgehobener, man kann auch sagen, realitätsfremd.

Die klassische Physik

Kommen wir jetzt zur klassischen Physik, darunter versteht man die Physik vor der Quantentheorie. Sie begann mit Galileo Galilei (1564 – 1641), der erstmalig die Verbindung zwischen der materiellen Welt und der Welt der Mathematik herstellte. Zudem begründete er das systematische Beobachten in Form von Experimenten, was bis heute die Grundlage für das Finden und Bestätigen der physikalischen Gesetze darstellt. Die Physiker teilen sich daher die Arbeit auf. Es gibt Experimentalphysiker und theoretische Physiker. Wie der Name schon sagt, führt der Experimentalphysiker die Experimente durch und übergibt die Ergebnisse dem theoretischen Physiker, der hieraus die physikalischen Gesetze ermittelt. Natürlich ist das stark vereinfacht. Erstens kann es auch umgekehrt sein. Der theoretische Physiker denkt sich etwas aus und der Experimentalphysiker soll es überprüfen. Und zweitens ist es ein Prozess, der sich in der Regel über einige Jahre hinzieht und einen ständigen Austausch zwischen beiden Berufsgruppen erfordert.

Nach Galilei kam Isaac Newton (1643 – 1727). Er stellte die erste wirkliche physikalische Theorie auf. In Form des schon erwähnten Gravitationsgesetzes und der drei Bewegungsgesetze. Sie stellen den Ausgangspunkt von dem dar, was man heute die Mechanik nennt. Und die Sie vermutlich in der Schule gelernt haben, dann damit startet stets die Physik. Auch an den Universitäten, es geht immer und überall los mit der Mechanik. Das zweite Newtonsche Bewegungsgesetz wird von der Formel F = m * a (Kraft ist Masse mal Beschleunigung) gebildet. Das ist die angekündigte einzige Formel in diesem Buch. Die Buchstaben stehen für „physikalische Größen". Das F steht für die Kraft, die auf den Körper mit der Masse m wirkt. Sie ruft die Beschleunigung a hervor. Wenn ich also die Kraft auf einen Körper und seine Masse kenne, dann kann ich mittels der Formel die Beschleunigung berechnen. Werfe ich den Ball der Masse m aus dem Fenster, dann zieht ihn die Gravitationskraft nach unten. Über die

Beschleunigung lässt sich dann die Zeit berechnen, nach der er auf den Boden aufschlägt. Das vergleiche ich mit der Realität, indem ich (das ist dann ein Experiment) die tatsächliche Zeit messe. Stimmen beide Zeiten überein und wiederhole ich den Vergleich Theorie – Experiment für verschiedene Situationen mit stets positivem Resultat, dann bekomme ich Vertrauen in die obige Formel und verwende sie auch für Vorhersagen. Weil ich davon überzeugt bin, dass sie stimmt. Das ist Physik, entscheidend ist die Übereinstimmung zwischen Theorie und Realität. Es lässt sich aber nicht beweisen, dass die obige Formel richtig ist. Denn es könnte ja irgendwann ein Experiment zeigen, dass sie doch nicht stimmt. Tatsächlich gibt es bei der Formel gemäß den fundamentaleren Relativitätstheorien Abweichungen von der Realität.

Jetzt zum Begriff des „Zustands". Der spielt in der Physik eine zentrale Rolle. Einem Objekt, zum Beispiel dem geworfenen Ball, entspricht zu jedem Zeitpunkt ein bestimmter Zustand. Der wird von den veränderlichen physikalischen Größen festgelegt, das sind sein Ort und seine Geschwindigkeit. Man müsste eigentlich noch den Drehimpuls und die Energie hinzufügen, aber belassen wir es bei Ort und Geschwindigkeit. Typischerweise verändert sich der Zustand mit der Zeit, so wie beim geworfenen Ball. Sowohl sein Ort verändert sich als auch seine Geschwindigkeit. Genau diese Veränderungen werden von den Gleichungen der Physik bestimmt, wie zum Beispiel von der obigen Formel von Newton. Denn eine Beschleunigung verändert sowohl die Geschwindigkeit als auch den Ort. Aber zu jedem Zeitpunkt ist der Ball in einem eindeutigen Zustand, hat also einen festen Ort und eine feste Geschwindigkeit. Warum sage ich das, es sollte doch selbstverständlich sein? Ist es aber nicht, zumindest nicht bei der Quantentheorie. Aber auf die klassische Physik trifft es stets zu. Das nennt sich „Determinismus", von lateinisch determinare = festlegen.

Er bedeutet, dass sich die Zukunft zumindest theoretisch vorhersagen lässt. Bleiben wir beim Beispiel des geworfenen Balls. Kennt man seinen Ort und seine Geschwindigkeit zu einem bestimmten Zeitpunkt, dann lässt sich bei genauer Kenntnis der auf ihn einwirkenden Kräfte ganz exakt seine zukünftige Bahn berechnen. Das gilt ebenso für das Werfen eines Würfels. Kennt man ganz genau die Anfangsbedingungen, also wie der Würfel geworfen wird, dann lässt sich mittels des Gravitationsgesetzes (das liefert die Kraft F) und obiger Formel seine Flugbahn berechnen und damit, wie und wo er auf den Tisch aufschlägt. Weiß man auch noch, welche Kräfte wirken, wenn er über den Tisch rollt, dann lässt sich die Zahl berechnen, die schließlich oben liegt. Aber man kennt in der Praxis weder die Anfangsbedingungen noch die Tischkräfte genügend genau. Daher lässt sich nur sagen, dass jede der 6 verschiedenen Zahlen die gleiche Wahrscheinlichkeit von 1/6 hat, dass sie am Schluss oben liegt. Was keine Vorhersage möglich macht, daher ist Würfeln ein reines Glücksspiel. Aber die Wahrscheinlichkeiten zeigen nur unsere Unwissenheit bezüglich Anfangsbedingungen und Kräften. Tatsächlich gilt auch beim Würfeln der Determinismus.

Wie schon festgestellt, gibt es ihn in der Quantentheorie nicht. Wobei nicht alle dieser Meinung sind, wie ich noch erläutern werde. Die Uneinigkeit ist ein typisches Kennzeichnen der Quantentheorie und zieht sich durch das ganze Buch. Aber bleiben wir bei der Ansicht der Mehrheit der Physiker, dass es in der Quantentheorie keinen Determinismus gibt. Betrachten wir hierzu wieder den Würfel und machen ein Gedankenexperiment: Wir verkleinern ihn immer mehr, bis er der Quantenwelt angehört. Dann verschwindet der Determinismus, denn es lässt sich keinesfalls mehr berechnen, welche Zahl schließlich oben liegt. Beim echten Würfel herrscht der Zufall nur scheinbar, zumindest theoretisch lässt sich alles berechnen, beim Quantenwürfel ist das aus prinzipiellen Gründen unmöglich. Ursache hierfür sind die schon in der Einleitung erwähnten Superpositionszustände. Sie bewirken, dass sich die Quantenobjekte an vielen verschiedenen Orten gleichzeitig „befinden". Letzteres in Anführungszeichen, weil unklar ist, wie ich ausführlich diskutieren werde, was es bedeutet. Sicher ist jedenfalls, dass sich für den Quantenwürfel keine Bahn berechnen lässt und das bringt den Determinismus zum Verschwinden.

Die Physik ist zweigeteilt. Es gibt die Experimente und es gibt die zu Theorien zusammengefassten physikalischen Gesetze. Die Experimente bestehen aus Messungen und die dienen dazu, die Zustände des Messobjekts zu bestimmen. Beispielsweise indem Sie einen geworfenen Ball filmen. Das stellt eine Messung dar, denn sie können hieraus den Zustand des Balls zu jedem Zeitpunkt ermitteln. Also den Ort und die Geschwindigkeit. Wobei die Messung einen möglichst geringen Einfluss auf den zu bestimmenden Zustand ausüben soll. Beim Filmen ist das zweifellos der Fall. Der Ball reflektiert das Licht, das schließlich in die Kamera gelangt. Diese Reflexion stört zwar den Ball, aber der Einfluss ist extrem gering. Abgesehen davon, dass die Reflexion auch ohne das Filmen vorhanden wäre. Filmt man den Ball bei Dunkelheit, dann muss der Ball beleuchtet werden, die damit verbundene Störung wird dann durch die Messung verursacht, bleibt aber nach wie vor vernachlässigbar. Würde man den

Ball allerdings immer weiter verkleinern, bis er die Größe eines Atoms hat, dann würde die Lichtreflexion ihn sehr wohl stören und seine Geschwindigkeit beeinflussen. Die Messung würde dann den Zustand verändern, was nicht gewünscht ist. Aber in der klassischen Physik beschäftigt man sich nur mit großen Objekten. Bei ihnen kann man davon ausgehen, dass die Messung den Zustand so wiedergibt, wie er auch ohne sie vorhanden wäre. Dass sie also Informationen über eine unabhängig von der Messung vorliegende Realität liefert.

Wie Sie sicherlich schon vermuten, ist in der Quantentheorie alles anders. Die Messung übt unabänderlich eine massive und unkontrollierbare Störung auf das Messobjekt aus. Die hat nichts mit Störungen wie die eben beschriebene Lichtreflexion zu tun. Das wird in der Literatur oft missverständlich dargestellt. Denn diese Störungen sind zwar bei den winzigen Objekten der Quantenwelt viel bedeutsamer, es kommt aber gemäß der Quantentheorie eine Störung hinzu, die von grundsätzlicher Natur ist. Sie lässt sich auch mit noch so sanften Messmethoden nicht vermeiden. Und es ist nach wie vor unklar, woher diese Störung kommt. Sie stellt das schon in der Einleitung erwähnte Messproblem dar.

Zur Zeit Newtons kannte man als einzige Kraft die Gravitation, sie wird durch sein Gravitationsgesetz beschrieben. Die Erde zieht beispielsweise den Mond an. Würde die Erde plötzlich verschwinden, so würde das der Mond merken, und zwar ohne Zeitverzögerung. Das hat Newton nicht gefallen, denn es bedeutet eine augenblickliche Fernwirkung. Erst Albert Einstein konnte sie 1915 durch die allgemeine Relativitätstheorie beseitigen. Das erläutere ich gleich etwa ausführlicher.

Im 19. Jahrhundert kamen dann zur Gravitationskraft noch die elektrische und die magnetische Kraft hinzu. Sie stellen die zwei Seiten einer einzigen Kraft, der elektromagnetischen, dar. Beschrieben wird sie von der Theorie des Elektromagnetismus, die aus den vier Maxwell-Gleichungen besteht. Sie wurden 1864 vom schottischen Physiker James Clerk Maxwell (1831 – 1879) veröffentlicht und brachten einen ganz neuen Begriff in die Physik, den des Feldes. Elektrisch geladene Körper erzeugen ein elektrisches Feld. Bewegen sie sich, kommt ein magnetisches Feld hinzu, das untrennbar mit dem elektrischen Feld verbunden ist. Daher spricht man vom elektromagnetischen Feld. Diese Felder sind es, die die Kräfte an andere geladene Körper übermitteln. Sie sind nicht an Materie gebunden, es gibt sie auch im Vakuum. Änderungen bei den geladenen Körpern verändern die Felder und die Veränderung breitet sich stets mit der Lichtgeschwindigkeit aus. Die Maxwell-Gleichungen haben daher nicht das Problem der augenblicklichen Fernwirkung. Die Ausbreitung der Veränderung kann auch in Wellenform geschehen. Diese elektromagnetischen Wellen bestimmen maßgeblich unseren Alltag. Licht ist nichts anderes als eine elektromagnetische Welle. Auch Handys übertragen unsere Gespräche mittels solcher Wellen und es gibt sie ebenfalls beim Fernsehen und Radio. Die ganze moderne Kommunikation basiert daher auf den Maxwell-Gleichungen. Wobei sie, ich komme im nächsten Kapitel darauf zurück, nicht den letzten Stand darstellen, es gibt von ihnen auch eine Quantenversion.

In der zweiten Hälfte des 19. Jahrhunderts spielte neben der Newtonschen Mechanik und dem Maxwellschen Elektromagnetismus noch die Thermodynamik eine große Rolle. Sie ist eher praxisorientiert und bringt keinen wirklich fundamentalen neuen Aspekt, daher gehe ich nicht näher auf sie sein. Interessant ist allerdings, dass es bei der Entwicklung der Thermodynamik immer noch heftigen Streit um die Existenz der Atome gab.

In den Maxwell-Gleichungen taucht die Lichtgeschwindigkeit auf. Normalerweise sind Geschwindigkeiten immer auf etwas bezogen, sie sind „relativ". Ich fahre mit 150 km/h relativ zum Asphalt der Autobahn. Der mich überholende Porsche fährt relativ zu mir mit 80 km/h. Ohne diesen Bezug ist die Angabe einer Geschwindigkeit eigentlich wertlos. Aber in den Maxwell-Gleichungen erscheint die Lichtgeschwindigkeit ohne jeden Bezug. Das ist der Schlüssel zur speziellen Relativitätstheorie, die Albert Einstein 1905 veröffentlicht hat. Da war er noch Sachbearbeiter im Patentamt von Bern. Sein Titel war „technischer Experte 3. Klasse". Neben der speziellen Relativitätstheorie hat er 1905 noch zwei weitere bahnbrechende Arbeiten veröffentlicht. Deshalb wird das Jahr 1905 als Einsteins „Wunderjahr" bezeichnet. Eine der beiden weiteren Arbeiten war die Erklärung des Photoeffekts. Sie lieferte eine wichtige Erkenntnis für die Entwicklung der Quantentheorie, wie ich im nächsten Kapitel erläutern werde. Später dann war Einstein allerdings ihr vehementer Gegner. Im Jahr 1921 hat er den Nobelpreis bekommen. Aber nicht für seine beiden Relativitätstheorien, sondern für die Erklärung des Photoeffekts. Die beiden Relativitätstheorien wurden vom Nobelpreiskomitee nie entsprechend gewürdigt. Von dem Preisgeld hat er übrigens seine Scheidung bezahlt.

Die spezielle Relativitätstheorie ist eigentlich gar nicht so kompliziert [3]. Wie Sie gesehen haben, steht in den Maxwell-Gleichungen die Lichtgeschwindigkeit ohne jeden Bezug. Daraus schloss Einstein, dass die Lichtgeschwindigkeit immer gleich ist. Ganz egal, wie schnell man sich selbst bewegt. Wenn man mit 99 % der Lichtgeschwindigkeit hinter einem Lichtstrahl hinterherfliegt, so entfernt er sich doch mit 100 % der Lichtgeschwindigkeit und nicht mit 1 %. Diese Konstanz der Lichtgeschwindigkeit hat große Konsequenzen. Denn je schneller ich mich relativ zu einem Beobachter bewege, desto langsamer fließt für ihn meine Zeit dahin und desto kürzer erscheint ihm mein Körper in der Bewegungsrichtung. Wobei ich selbst davon nichts merke. Die Veränderungen in Bezug auf meine Zeit und Ausdehnung merkt nur der Beobachter. Das folgt alles aus der Konstanz der Lichtgeschwindigkeit. Wobei sie auch die höchste Geschwindigkeit überhaupt darstellt. Nichts kann sich schneller als mit der Lichtgeschwindigkeit bewegen.

Wir nähern uns dem Ende der klassischen Physik und dem Beginn der Quantentheorie. Wobei das sich zeitlich überschneidet. Das letzte Kapitel der klassischen Physik stellt die allgemeine Relativitätstheorie dar. Die hat Albert Einstein 1915 veröffentlicht. Die Quantentheorie hingegen startete, wie Sie im nächsten Kapitel sehen werden, bereits im Jahr 1900.

Die allgemeine Relativitätstheorie besteht aus wesentlich komplizierterer Mathematik als die spezielle Relativitätstheorie [4]. Da Einstein, wie schon festgestellt, ein besserer Physiker als Mathematiker war, bereitete ihm die Aufstellung des mathematischen Formalismus große Schwierigkeiten. Er benötigte die Unterstützung von befreundeten Mathematikern. Die allgemeine Relativitätstheorie ist die Theorie der Gravitation, die Folgetheorie des Newtonschen Gravitationsgesetzes. Sein Problem der augenblicklichen Fernwirkung habe ich schon kurz angesprochen. Es passt überhaupt nicht zur speziellen Relativitätstheorie, denn sie besagt, dass sich jede Wirkung nur mit maximal der Lichtgeschwindigkeit ausbreitet. Zudem gab es Abweichungen beim Merkur, das ist der innerste Planet unseres Sonnensystems. Einstein hat sich grundlegende Gedanken über die Gravitation gemacht und ist schließlich zur Erkenntnis gelangt, dass sie gar keine Kraft ist. Vielmehr verändern alle Körper den Raum und die Zeit um sich herum. Das ist die berühmte gekrümmte Raumzeit. Es ist diese Krümmung, die zur Anziehung zwischen Körpern führt. Sie stellt ein Feld dar, so wie das elektromagnetische Feld. Und alle Störungen breiten sich mit Lichtgeschwindigkeit aus. Man nennt sie Gravitationswellen. Erst im Jahre 2015 konnte ihre Existenz nachgewiesen werden [5]. Im Übrigen ließ sich mit der allgemeinen Relativitätstheorie auch das Problem mit dem Merkur lösen.

Gemäß der klassischen Physik (Ausnahme Newtons Gravitationsgesetz) werden alle Kräfte von einem Körper auf den anderen mittels eines Mediums übertragen. Zum Beispiel durch elektromagnetische Wellen. Und die maximale Übertragungsgeschwindigkeit ist die Lichtgeschwindigkeit. Das bezeichnet man als das Prinzip der „Lokalität". Weil eben jede Kraft ihre Wirkung erst dann ausübt, wenn das übertragende Medium „vor Ort" angekommen ist. Sie ahnen es schon, bei der Quantentheorie gilt dieses Prinzip der Lokalität nicht mehr. Sie ist nicht-lokal. Das zeigt sich bei der Verschränkung, dem spektakulärsten Phänomen überhaupt [6]. Zwei verschränkte Objekte können sich augenblicklich beeinflussen, auch wenn sie Lichtjahre voneinander entfernt sind. Im übernächsten Kapitel werde ich es ausführlich erläutern. Diese Nicht-Lokalität war der Hauptkritikpunkt von Albert Einstein an der Quantentheorie. Zwar hat ihm auch der fehlende Determinismus nicht gefallen. Aber viel mehr noch störte ihn die Nicht-Lokalität. Das ist nachvollziehbar, da er ja mit den Relativitätstheorien die Begründung für die Lokalität geliefert hat. Er nannte die Verschränkung die „spukhafte Fernwirkung". Für ihn war sie absurd und zeigte ihm, dass die Quantentheorie unvollständig sein muss. Zwar hat es Einstein nicht mehr erlebt, aber die Verschränkung konnte mittlerweile experimentell nachgewiesen werden. Die spukhafte Fernwirkung existiert also wirklich und für sie gab es bislang nicht den Hauch einer Erklärung. Was, wie von mir schon festgestellt, am materiellen Weltbild liegt. Es muss ergänzt werden. Wie das aussehen könnte, präsentiere ich im vorletzten Kapitel.

Wie die Quantentheorie entstanden ist

Max Planck und der Photoeffekt

Im Jahr 1676 konnte der dänische Astronom Ole Römer (1644 – 1710) halbwegs korrekt die Lichtgeschwindigkeit bestimmen, mit einer Abweichung von 30 % vom tatsächlichen Wert. Zumindest aber war dann klar, dass Licht sich mit einer endlichen Geschwindigkeit ausbreitet. Aber es war immer noch unklar, aus was Licht eigentlich besteht. Isaac Newton brachte die Korpuskeltheorie ins Spiel. Demzufolge besteht es aus kleinen Teilchen. Im Jahre 1802 führte dann der englische Physiker und Augenarzt Thomas Young (1773 – 1829) das berühmte Doppelspalt-Experiment durch. Er schickte Licht durch eine Wand mit zwei nebeneinanderliegenden engen Spalten. Hinter ihnen befand sich eine zweite Wand, die das Licht auffing. Young beobachtete auf dieser Wand abwechselnd helle und dunkle Streifen. Das war der Nachweis, dass Licht aus Wellen besteht. Warum ist das so? Betrachten wir hierzu zunächst einmal Wasserwellen. Sie sind eine Abfolge von Bergen und Tälern. Den Abstand zwischen zwei Bergen (oder zwei Tälern) nennt man die Wellenlänge. Aber die Wasserwellen sind nicht statisch, sie bewegen sich auf und ab. Mit einer bestimmten Geschwindigkeit, das nennt man die Frequenz. Wobei die auf und ab Bewegungen sich von Ort zu Ort unterscheiden, zueinander zeitversetzt sind. Das ist das charakteristische Merkmal von Wellen und es bewirkt, dass sich die Wasserwellen scheinbar vorwärtsbewegen. Ich sage scheinbar, weil die Wassermoleküle selbst sich nicht vorwärtsbewegen, sie schwingen nur auf und ab. Lichtwellen sind nicht mit Materie verbunden, es gibt sie auch im Vakuum. Sie bestehen aus den sogenannten Feldstärken. Sie sind es, die auf- und abschwingen. Lichtwellen haben auch eine Wellenlänge, eine Frequenz und bewegen sich vorwärts. Mit der Lichtgeschwindigkeit. Es gibt einen einfachen Zusammenhang zwischen diesen drei physikalischen Größen: Die Lichtgeschwindigkeit ist gleich dem Produkt aus Wellenlänge und Frequenz. Sie hängt grundsätzlich nicht von der Geschwindigkeit des Beobachters ab, wie von mir im letzten Kapitel erläutert. Das lieferte Einstein die Grundlage für seine spezielle Relativitätstheorie.

Zurück wieder zu den Wasserwellen. Bewegen sich zwei Wasserwellen aufeinander zu und treffen sich schließlich, dann durchdringen sie sich gegenseitig. Das hat Konsequenzen. Zwei aufeinandertreffende Wellenberge verstärken sich und es entsteht ein viel höherer Berg. Treffen ein Wellenberg und ein Wellental aufeinander, dann führt das zur Abschwächung oder sogar zur Auslöschung. Das gilt ganz allgemein: Wenn sich zwei Wellen durchdringen, dann gibt es Stellen, wo sie sich verstärken und Stellen, wo sie sich abschwächen. Man nennt das Interferenz. Genau das passiert beim Doppelspalt-Experiment von Thomas Young. Aus jedem Spalt kommt eine Lichtwelle und hinter den Spalten interferieren sie. Das bewirkt ihre ortsabhängige Verstärkung und Abschwächung und führt zu den hellen und dunklen Streifen auf der zweiten Wand. Damit war Newton widerlegt, Licht muss eine Welle sein. Wie im letzten Kapitel beschrieben, konnte Maxwell dann zeigen, dass Licht unter den Oberbegriff elektromagnetische Welle fällt. Auch Röntgen- oder Handystrahlung sind elektromagnetische Wellen. Nur mit viel höherer bzw. niedrigerer Frequenz als das Licht.

Alle Objekte senden elektromagnetische Strahlung aus. Die sehen wir aber nur, wenn sie sehr heiß sind. Denn dann geben sie auch sichtbares Licht ab. Wie glühend heißes Eisen oder unsere Sonne. Selbstverständlich suchten die Physiker nach einer Formel, die das Aussenden der elektromagnetischen Strahlung korrekt beschreibt. Aber es wollte einfach nicht gelingen. Dann, im Jahre 1900, tat der deutsche Physiker Max Planck (1858 – 1947) einen mutigen Schritt. Das Aussenden der elektromagnetischen Strahlung bedeutet das

Abgeben von Energie. Diese Energieabgabe sollte kontinuierlich stattfinden, das folgt aus den Maxwell-Gleichungen. „Kontinuierlich“ bedeutet, dass es keine untere Grenze für die Energieabgabe gibt, sie kann beliebig klein sein. Max Planck nahm nun an, dass es für die Energieabgabe doch eine untere Grenze gibt, also ein Minimalpäckchen an Energie, dessen Größe nicht unterschritten werden kann. Zu diesem Minimalpäckchen sagte Planck „Quantum“, die Mehrzahl heißt „Quanten“. Daher gilt das Jahr 1900 als das Geburtsjahr der Quantentheorie.

Wichtig: Nur das Aussenden (und auch das Aufnehmen) der elektromagnetischen Strahlung sollte in Form von Quanten geschehen. Planck ging nicht davon aus, dass sie selbst aus Quanten besteht. Denn das würde bedeuten, dass sie einen Teilchencharakter hätte. Planck war aber so wie alle anderen Physiker seiner Zeit völlig davon überzeugt, dass elektromagnetische Strahlung ausschließlich aus Wellen besteht. Das Youngsche Doppelspalt-Experiment hat es gezeigt und die Maxwell-Gleichungen haben es bestätigt.

Ein Außenseiter namens Albert Einstein war dann im Jahre 1905 (seinem Wunderjahr) wesentlich mutiger. Er schaute sich den Photoeffekt genauer an. Der besagt, dass man Elektronen aus Metallen durch Bestrahlen mit Licht herausschlagen kann. Gemäß der klassischen

Physik sollte die Energie der herausgeschlagenen Elektronen von der Intensität des Lichts abhängen. Merkwürdigerweise aber ist das nicht der Fall. Die Energie der Elektronen hängt nicht von der Intensität, sondern von der Frequenz des Lichts ab. Einstein konnte das erklären. Dazu wieder zurück zu den Quanten des Max Planck. Die Energie jedes Quantums hängt von der Frequenz der elektromagnetischen Strahlung ab. Je höher die Frequenz, desto größer die Energie des Quantums. Einstein ging nun, im Gegensatz zu Planck, davon aus, dass die elektromagnetische Strahlung selbst aus Quanten besteht. Es ist die Wechselwirkung eines einzelnen Quants mit einem einzelnen Elektron auf der Metalloberfläche, das zum Herausschlagen dieses Elektrons führt. Das Quant gibt dabei seine Energie an das Elektron ab. Daher hängt die Energie der herausgeschlagenen Elektronen von der Frequenz des auftreffenden Lichts ab.

Allerdings war die Skepsis zunächst groß. Denn elektromagnetische Strahlung hätte dann sowohl einen Wellen-, als auch einen Teilchencharakter. Aber ein anderes Experiment zeigte später ebenfalls ihren Teilchencharakter. Das waren die vom amerikanischen Physiker Arthur Compton (1892 – 1962) 1923 durchgeführte Versuche mit Röntgenstrahlung und Elektronen. Wie schon erwähnt, stellt Röntgenstrahlung auch eine elektromagnetische Strahlung dar, allerdings hat sie eine sehr viel höhere Frequenz als das sichtbare Licht. Deswegen sind die Quanten der Röntgenstrahlung sehr energiereich. Daher dringen sie in den menschlichen Körper ein. Aber das macht sie auch so gefährlich. Compton konnte zeigen, dass sich Röntgenstrahlung und Elektronen so ähnlich wie Billardkugeln verhalten, wenn sie sich treffen. Was wieder den Teilchencharakter der elektromagnetischen Strahlung zeigte. Das führte dazu, dass ihre Doppelnatur, der sogenannte „Welle-Teilchen-Dualismus", schließlich akzeptiert wurde. Übrigens war es Compton, der für die Quanten der elektromagnetischen Strahlung den Begriff „Photonen" einführte.

Was sind Photonen? Das ist bis heute unklar. Keinesfalls darf man sie sich als kleine Kügelchen vorstellen, die sich mit Lichtgeschwindigkeit vorwärtsbewegen. Denn die Photonen sind nicht im Raum lokalisiert, sind also nie an einem bestimmten Ort. Ganz im Gegenteil, sie sind vielmehr überall. Hierzu ein Zitat von Albert Einstein. Es stammt zwar aus dem Jahr 1951, aber es trifft auch auf die heutige Situation zu: „Fünfzig Jahre angestrengtes Nachdenken haben mich der Antwort auf die Frage „Was sind Lichtquanten?" nicht nähergebracht. Heute bilden sich Hinz und Kunz ein, es zu wissen. Aber da täuschen sie sich."

Das Bohrsche Atommodell

Für uns sind Atome etwas Selbstverständliches. Tatsächlich aber war ihre Existenz, wie schon im Zusammenhang mit der Thermodynamik erwähnt, noch bis zu Anfang des 20. Jahrhunderts umstritten. Wobei schon die antiken Griechen, insbesondere Leukipp und sein Schüler Demokrit, im 5. Jahrhundert v. Chr. von Atomen sprachen. Sie dachten sich die Materie aus kleinsten, unteilbaren Einheiten zusammengesetzt. Diese nannten sie Atome (altgriechisch átomos = unteilbar). In seinem Wunderjahr 1905 präsentierte Albert Einstein nicht nur die spezielle Relativitätstheorie und löste das Rätsel des Photoeffekts, er konnte auch die Brownsche Bewegung erklären. 1827 entdeckte der schottische Botaniker und Arzt Robert Brown (1773 – 1858), dass nur unter dem Mikroskop sichtbare Staubkörnchen im Wasser ruckartige Bewegungen durchführen. Einstein konnte das damit erklären, dass sehr viel kleinere Teilchen, die selbst unter dem Mikroskop nicht sichtbar sind, in riesiger Zahl gegen die Staubteilchen stoßen und dass dies zufälligen Schwankungen unterworfen ist. Letzteres führt zu den ruckartigen Bewegungen. Die nicht sichtbaren Teilchen müssen Moleküle sein. Die Erklärung der Brownschen Bewegung galt daher als ihr Nachweis und damit auch als der Nachweis der Atome.

Der britische Physiker Joseph John Thomson (1856 – 1940) entdeckte 1897 die Elektronen als Bestandteil der Atome und entwickelte das erste Atommodell, das sogenannte Rosinenkuchenmodell. Die Elektronen sollen in die Atome eingebettet sein wie Rosinen in einem Kuchenteig. Das wurde 1910 vom neuseeländischen Physiker Ernest Rutherford (1871 – 1937) widerlegt. Er konnte mit seinen Experimenten an der Universität Manchester zeigen, dass die Atome aus einem winzigen Kern bestehen, der allerdings fast die gesamte Masse des Atoms enthält. Umgeben ist der Kern von den Elektronen. Sie sollten um den Kern kreisen wie die Planeten um die Sonne. Eine andere Form der Bewegung war damals nicht vorstellbar. Das führte die Physik in eine tiefe Krise. Denn die Elektronen haben eine elektrische Ladung und eine Kreisbewegung bewirkt, dass sie Energie in Form von elektromagnetischer Strahlung abgeben. Das lässt die Elektronen in den Kern stürzen. Daher die tiefe Krise, denn es dürfte eigentlich gar keine Atome geben.

Im Jahr 1913 versuchte ein junger Mitarbeiter von Ernest Rutherford, der dänische Physiker Niels Bohr (1885 – 1962), die Stabilität der Atome zu erklären. Er übertrug die Idee der Quanten auf die Bahnen der

Elektronen in den Atomen. Das bedeutet, dass es für die Elektronen keine beliebigen Bahnen um den Kern gibt, sondern dass nur noch bestimmte Bahnen erlaubt sind. Zu denen jeweils eine bestimmte Energie gehört. Bohr unterstellte, dass diese erlaubten Bahnen stabil sind. Dass also die Elektronen auf diesen Bahnen keine elektromagnetische Strahlung abgeben. Ohne allerdings eine Erklärung liefern zu können, warum das so sein sollte. Trotzdem war sein Atommodell zunächst durchaus erfolgreich, weil sich mit ihm erstmalig die sogenannte Balmer-Formel erklären ließ. Atome, das war schon länger bekannt, senden nur Licht von bestimmten Frequenzen aus. Das nennt man Spektrallinien. 1885 fand der Schweizer Mathematiker und Physiker Johann Jakob Balmer (1825 – 1898) dann eine Formel, mit der sich die Frequenzen der Spektrallinien korrekt beschreiben ließen. Aber er konnte sie nicht erklären. Das gelang dann Bohr mit seinem Atommodell, zumindest beim Wasserstoffatom. Denn Elektronen können durch Photonen angeregt werden, wodurch sie auf Bahnen mit höherer Energie springen. Das ist der berühmte Quantensprung, der kleinstmögliche Sprung überhaupt. Was zeigt, dass die Politiker durchaus recht haben, wenn sie die von ihnen bewirkten Erfolge als Quantensprung bezeichnen. Zurück zum Bohrschen Atommodell. Da bei ihm nur bestimmte

Bahnen erlaubt sind, muss die Energie und damit die Frequenz der anregenden Photonen genau der Energiedifferenz zwischen Ausgangsbahn und angeregter Bahn entsprechen. Damit ließ sich die Balmer-Formel erklären. Doch das Bohrsche Atommodell stieß schnell an seine Grenzen, denn es funktionierte nur beim Wasserstoffatom. Der deutsche Physiker Arnold Sommerfeld (1868 – 1951) erweiterte es zwar, es stellte aber nach wie vor eine wenig überzeugende Mischung aus klassischer Physik und Quantenaspekten dar. Zudem konnte es immer noch nicht erklären, warum bestimmte Bahnen der Elektronen stabil sein sollten.

Sommerfeld hatte einen jungen Assistenten, Werner Heisenberg (1901 – 1976), der sich in seiner Doktorarbeit mit dem von Sommerfeld erweiterten Bohrschen Atommodell beschäftigte. Natürlich wollte er es verbessern. 1924 wurde Heisenberg dann Assistent von Max Born (1882 – 1970) in Göttingen. Der Durchbruch kam kurze Zeit später, 1925 auf der Insel Helgoland, wo er seinen Heuschnupfen auskurierte. Er konnte die Frequenzen der Spektrallinien einschließlich ihrer Intensitäten mittels sogenannter Matrizen erklären. Veröffentlicht hat er die Theorie 1925 gemeinsam mit seinem Chef Max Born und Pascual Jordan (1902 – 1980). Das wird als die erste Quantentheorie betrachtet und nennt sich die Matrizenmechanik. Ich gehe nicht näher auf sie ein, weil sie nicht sehr anschaulich ist. Und weil es eine zu ihr mathematisch äquivalente Alternative gibt. Die eine wesentlich größere Akzeptanz genießt, denn sie ist leichter zu handhaben. Sie nennt sich die Wellenmechanik und wurde 1926, also nur ein Jahr nach der Matrizenmechanik, vom österreichischen Physiker Erwin Schrödinger entwickelt.

Die Schrödinger-Gleichung

Bevor wir zur Wellenmechanik des Erwin Schrödinger kommen, müssen wir noch über den französischen Physiker Louis de Broglie (1892 – 1987) sprechen. Im Rahmen seiner Doktorarbeit, die er 1924 abschloss, machte er einen kühnen Vorschlag. Damals war ja, wie im vorletzten Unterkapitel erläutert, der Welle-Teilchen-Dualismus ein Merkmal ausschließlich der elektromagnetischen Strahlung. Warum, so de Broglie, sollte er nicht auch für die Materie gelten? Warum also sollte Materie neben ihrem unstrittigen Teilchencharakter nicht auch einen Wellencharakter aufweisen? Der zuständige Prüfungsausschuss an der berühmten Pariser Universität Sorbonne war unsicher, ob er das genehmigen kann und erkundigte sich bei Einstein. Der zeigte sich tief beeindruckt, so dass de Broglie seinen Doktortitel bekam. Er konnte allerdings keine ausgearbeitete Theorie für die Materiewellen vorlegen.

Das gelang dann Erwin Schrödinger. Er stellte 1926 die nach ihm benannte Gleichung vor. Ungewöhnlich sind die Begleitumstände ihrer Entdeckung. Schrödinger soll sie Ende 1925 in Arosa entdeckt haben, dort war er mit seiner Geliebten [7].

Die Schrödinger-Gleichung steht im Mittelpunkt der Wellenmechanik. Wie schon festgestellt, ist sie mathematisch äquivalent zur Heisenbergschen Matrizenmechanik. Wird aber bevorzugt, da sie viel benutzerfreundlicher ist. Es gibt noch eine dritte Version, die ist abstrakter und stammt vom englischen Physiker Paul Dirac. Alle drei Versionen zusammen bilden die nicht-relativistische Quantentheorie, die man die Quantenmechanik nennt. Wie Sie richtig vermuten, gibt es auch eine relativistische Version. Auf die gehe ich kurz im nächsten Unterkapitel ein. Kurz deshalb, weil sie zu den in diesem Buch diskutierten Themen keinen neuen Aspekt einbringt.

Die Schrödinger-Gleichung ist keine gewöhnliche Wellengleichung, so wie man sie benutzt, um beispielsweise Wasserwellen oder Schallwellen zu beschreiben. Aber sie ist mathematisch einer „echten“ Wellengleichung sehr ähnlich. Warum sie nicht identisch ist, konnte Schrödinger nicht begründen. Er hatte sie mehr aus der Intuition heraus entwickelt. Nach dem Motto: Wie könnte eine Wellengleichung für Elektronen aussehen? Das kann man auch Kreativität nennen. Tatsächlich gab es in der Geschichte der Quantentheorie sehr oft kein rigoroses Herleiten. Es war eher ein Herumprobieren, bis die Gleichungen gefunden wurden, die das gewünschte Ergebnis lieferten. Es ist sehr seltsam, dass daraus eine Theorie von solcher Präzision entstehen konnte. Die aber auch von bis heute ungelösten Problemen beherrscht wird, wie wir noch ausführlich diskutieren werden.

Die Lösungen der Schrödinger-Gleichung sind die sogenannten Wellenfunktionen. Erst mit ihnen ließ sich die Stabilität der Atome überzeugend erklären. Betrachten wir hierzu das einfachste Atom, das ist das Wasserstoffatom. Es besteht aus einem Proton als Kern und einem sich um ihn bewegendes Elektron. Löst man die Schrödinger-Gleichung für das Wasserstoffatom, so findet man, dass das Elektron nur bestimmte Energiewerte annimmt. Wichtig ist, dass es einen kleinsten Energiewert gibt. Das bedeutet, dass das Elektron stets einen gewissen Abstand vom Kern hat. Was das Wasserstoffatom stabil macht. Auch das Bohrsche Atommodell liefert ja die bestimmten Energiewerte, kann sie aber nicht begründen. Macht das die Schrödinger-Gleichung besser? Nicht wirklich, es ist der benutzte mathematische Formalismus, der zu den bestimmten Energiewerten führte. Warum es genau dieser Formalismus ist, der zur Realität passt, kann bis heute keiner sagen.

Einem Objekt wird zu jedem Zeitpunkt ein Zustand zugeordnet. In der klassischen Physik besteht er aus einem eindeutigen Ort und einer eindeutigen Geschwindigkeit. Das nennt sich Determinismus, eine der zentralen Säulen der klassischen Physik. In der Quantenmechanik sind die Zustände ganz anders, sie werden von den Wellenfunktionen dargestellt. Sie sind daher abstrakte Größen aus der Welt der Mathematik und nicht direkt beobachtbar. Aber sie liefern die Orte und Geschwindigkeiten. Und zwar zu jedem Zeitpunkt sehr viele verschiedene Orte und Geschwindigkeiten. Daher sind die Zustände nicht eindeutig, sie sind sogenannte Superpositionszustände. Was zur Konsequenz hat, dass es bei der Quantenmechanik keinen Determinismus mehr gibt. Wobei das nicht ganz unumstritten ist, wie wir noch sehen werden.

Die Superpositionszustände folgen aus dem mathematischen Formalismus. Aber die Quantenmechanik liefert für sie keine Erklärung. Das ist so ähnlich wie bei den Keplerschen Ellipsen, die erst mit dem Newtonschen Gravitationsgesetz erklärt werden konnten, das wiederum von der Einsteinschen allgemeinen Relativitätstheorie erklärt wurde. Was sagt uns das bezüglich der Quantenmechanik? Das ist völlig klar, sie kann nicht das letzte Wort sein. Irgendwann wird sie von einer fundamentaleren Theorie abgelöst werden. Im vorletzten Kapitel stelle ich hierzu einen Ansatz vor.

Die Quantenfeldtheorien

Die Entwicklung der Quantentheorie war mit der Quantenmechanik nicht beendet. Denn sie hat ihre Grenzen. Weil sie nicht die spezielle Relativitätstheorie enthält. Daher gilt sie nur für Objekte, die sich viel langsamer als mit der Lichtgeschwindigkeit bewegen. Was auf die Elektronen in den Atomen und Molekülen zutrifft, deshalb passt sie dort wunderbar. Aber insbesondere die Photonen, die sich immer mit der Lichtgeschwindigkeit bewegen, werden von der Schrödinger-Gleichung überhaupt nicht erfasst. Der englische Physiker Paul Dirac hat nicht nur, wie schon erwähnt, die abstrakte Version der Quantenmechanik entwickelt. Ihm gelang 1928 die Integration der speziellen Relativitätstheorie in die Schrödinger-Gleichung. Das ist die Dirac-Gleichung, die ich als eindrucksvolles Beispiel dafür gebracht habe (Stichwort Antiteilchen), dass wir die Mathematik und damit die physikalischen Gesetze entdecken und nicht erfinden.

Aber auch mit der Dirac-Gleichung ließen sich die Photonen nicht erfassen. Zudem gilt sie nur, so wie die Schrödinger-Gleichung, für eine konstante Zahl von

Teilchen. Die spezielle Relativitätstheorie macht aber ihre Erzeugung und Vernichtung möglich. Beides, sowohl die Photonen als auch die veränderliche Teilchenzahl, erforderte ein völlig neues Konzept, das ist die Quantenfeldtheorie (QFT). Der Schritt von der Quantenmechanik zur QFT war allerdings nur ein kleiner Schritt im Vergleich zur gewaltigen Umwälzung von der klassischen Physik hin zur Quantenmechanik. Und ganz wichtig: Zur Lösung der Probleme, die ich im nächsten Kapitel diskutieren werde, kann die QFT nichts beitragen.

Ihre Entwicklung begann bereits in den 20er Jahren, also parallel zur Quantenmechanik. Maßgeblich beteiligt waren Paul Dirac, Werner Heisenberg und Pascual Jordan. Die kennen Sie bereits. Hinzu kam noch der italienische Physiker Enrico Fermi (1901 – 1954). Jede Sorte von Elementarteilchen wird als Feld beschrieben, in dem Teilchen = Quanten erzeugt und vernichtet werden. Das ist der Kern der QFT. Was sind die Elementarteilchen? Materie besteht aus Molekülen, die bestehen aus Atomen, die kann man in den Kern und die Elektronen zerlegen. Die Elektronen bezeichnet man als Elementarteilchen, weil sie sich nach heutigem Stand nicht weiter zerlegen lassen. Der Kern besteht aus Protonen und Neutronen, die setzen sich aus zwei verschiedenen Quarks zusammen. Sie sind Elementarteilchen. Die gewöhnliche Materie besteht also aus drei verschiedenen Elementarteilchen. Aber es gibt noch viel mehr Materie-Elementarteilchen, insgesamt 24. Auch das ist noch nicht alles. Denn die Kräfte, die Physiker sprechen lieber von Wechselwirkungen, bestehen ebenfalls aus Elementarteilchen. Es gibt vier Arten von Wechselwirkungen. Die elektromagnetische kennen Sie schon, ihr Elementarteilchen ist das Photon. Daneben gibt es noch die starke und die schwache Wechselwirkung, von denen merken wir nichts, sie wirken nur in den Atomkernen. Auch sie bestehen aus Elementarteilchen, auf die Nennung ihrer Namen verzichte ich. Es gibt noch eine vierte Wechselwirkung, die Gravitation. Sie widersetzt sich bis heute dem Konzept der QFT, sie wird von der allgemeinen Relativitätstheorie mittels der Raumzeitkrümmung erklärt. Und es kommt noch ein weiteres Elementarteilchen hinzu, das erst 2012 am Large Hadron Collider (LHC) in Genf entdeckt wurde, das ist das Higgs-Teilchen. Es spielt eine Sonderrolle, ich gehe nicht näher darauf ein [8].

Jedes Elementarteilchen wird als Quantenfeld beschrieben. Es vereint den Welle-Teilchen-Dualismus, denn ein Feld stellt die Verallgemeinerung von Wellen dar und in ihm werden Teilchen = Quanten erzeugt und vernichtet. In der Quantenmechanik denkt man sich die Teilchen als etwas Lokalisiertes. In der QFT sind sie nicht mehr lokalisiert, man kann ihnen keine Orte zuschreiben. Es ist ein völlig sinnloses Unterfangen, wenn man versucht, sich unter den Teilchen der QFT etwas vorzustellen.

Wie schon festgestellt, begann die Entwicklung der QFT bereits in den zwanziger Jahren. Allerdings geriet sie schnell ins Stocken. Denn es gab Absurditäten in Form von unendlich großen Zwischenwerten, die sich lange Zeit nicht beseitigen ließen. Erst ab 1946 lernte man, damit umzugehen. Es entstand dann als erste Quantenfeldtheorie um 1950 die Quantenelektrodynamik (QED), also die Quantenversion der Maxwell-Gleichungen. Maßgeblich beteiligt war der amerikanische Physiker Richard Feynman (1918 – 1988), eine charismatische Persönlichkeit. Er hatte eine Tendenz zu skurrilen Aktionen, trommelte zum Beispiel regelmäßig in einem Nachtclub. Und klärte 1986 die Challenger-Katastrophe auf. Richard Feynman war der einzige Physiker, der noch, als er schon berühmt war, Anfängervorlesungen gehalten hat. Das war Anfang der 60er Jahre. Die auch in Buchform veröffentlicht wurden und noch heute stark verbreitet sind. Die deutschen Lehrbücher der Physik sind, wie nicht anders zu erwarten, sachlich und trocken. Die Feynman Lehrbücher sind deutlich lockerer, enthalten viel mehr Text. Mein persönlicher Eindruck: Für den erstmaligen

Physikkontakt sind sie eher weniger geeignet, aber sie verbessern das Verständnis, wenn man bereits etwas Physik gelernt hat.

Die QED stellt die Grundlage von allem dar, was uns umgibt [9]. Aus ihr folgt die gesamte Chemie und damit auch die Biologie. Alle Funktionen unseres menschlichen Körpers werden letztlich von ihr bestimmt.

Auch mit der QED war noch nicht Schluss. Denn es wurden noch zwei weitere Kräfte entdeckt, die starke und die schwache Wechselwirkung. Wie schon erwähnt, spielen sie nur in den Atomkernen eine Rolle, daher merken wir nichts von ihnen. Wir merken nur die Gravitationskraft und die elektromagnetische Kraft. Auch wenn große Körper immer elektrisch neutral sind, so spielt die QED doch eine wichtige Rolle. Materie ist im Grunde leer. Stoßen zwei Fahrzeuge zusammen, dann sollten sie sich eigentlich gegenseitig durchdringen. Wenn da nicht die QED wäre.

Die starke und die schwache Wechselwirkung führten zur Entwicklung von zwei weiteren QFTs. Wobei die QFT der schwachen Wechselwirkung mit der QED vereint werden konnte. Nur der Vollständigkeit halber: Die QFT der starken Wechselwirkung wird als Quantenchromodynamik (QCD) bezeichnet. Man fasst die QFTs der drei mit ihnen erfassbaren Wechselwirkungen zum sogenannten Standardmodell der Teilchenphysik zusammen. Es stellt die Grundlage der heutigen Physik dar [10].

Das Standardmodell enthält viele Naturkonstanten. Das sind physikalische Größen, die nicht veränderbar sind. Wie zum Beispiel die Masse des Elektrons. Die Werte der Naturkonstanten, das ist sehr wichtig, ergeben sich nicht aus dem Standardmodell, sondern lassen sich grundsätzlich frei wählen. Allerdings passt nur ein einziger Satz von Werten zu unserem Universum. Damit das Standardmodell mit der Realität übereinstimmt, muss genau der zu unserem Universum passende Satz von Werten der Naturkonstanten in es eingesetzt werden. Also zum Beispiel für die Masse des Elektrons seine gemessene Masse. Das führt zu einem riesengroßen Rätsel, wie ich jetzt erläutern werde.

Es gibt mindestens einen Planeten im Universum mit Lebewesen. Die basieren auf dem Kohlenstoff. Ist seine Existenz selbstverständlich? Nein, überhaupt nicht, es ist vielmehr ein unglaubliches Wunder. Denn nur der zu unserem Universum passende Satz von Werten der Naturkonstanten garantiert die Existenz des Kohlenstoffs. Bereits geringste Abweichungen würden ihn verhindern. Das nennt man die Feinabstimmung der Naturkonstanten, eines der größten Rätsel überhaupt [11].

Wer hat für die Feinabstimmung der Naturkonstanten gesorgt? Solange keine bessere Theorie gefunden wird, die die Werte der Naturkonstanten erklärt und ihre Feinabstimmung auf ein tieferes Prinzip zurückführt, müssen die Physiker davon ausgehen, dass sich die Werte der Naturkonstanten beim Urknall völlig zufällig ergeben haben. Aber die Wahrscheinlichkeit, zufällig die genau richtigen für die Entstehung des Kohlenstoffs zu finden, war absurd gering. Das schreit nach einer tiefergehenden Erklärung. Für alle gläubigen Menschen wird sie von Gott geliefert. Er hat das Universum geschaffen. Mit den richtigen Werten der Naturkonstanten, damit seine Absicht, das sind wir Menschen, realisiert werden konnte.

Aber es gibt noch eine andere Erklärung und die basiert auf dem Zufall. Das ist das Multiversum. Demnach existiert nicht nur ein einziges Universum, sondern es existieren unermesslich viele Universen. Alle mit zufällig gefundenen und damit unterschiedlichen Sätzen von Werten der Naturkonstanten. Dann gibt es ein paar Universen, unseres gehört dazu, mit den genau richtigen Werten der Naturkonstanten für die Entstehung des Kohlenstoffs. Und das ohne irgendeine Absicht. Allerdings hat das Multiversum einen grundsätzlichen Schwachpunkt. Denn bis auf unser Universum lassen sich alle anderen Universen nicht nachweisen. Daher ist das Multiversum spekulativ. Solange keine bessere Erklärung für den Zufall gefunden wird, ist er daher genauso spekulativ wie Gott. Im letzten Kapitel komme ich hierauf noch einmal zurück.

Unabhängig vom großen Rätsel der Feinabstimmung zeigt auch seine nicht mögliche Vereinigung mit der allgemeinen Relativitätstheorie, dass das Standardmodell der Teilchenphysik nicht das letzte Wort sein kann. Denn es ist bislang nicht gelungen, eine Quantenfeldtheorie der Gravitation zu entwickeln. Es muss eine fundamentalere Theorie geben. Die Stringtheorie war ein durchaus aussichtsreicher Kandidat, aber die Hoffnung schwindet [12].

Wird die fundamentalere Theorie, falls man sie irgendwann findet, dann die „Theorie von Allem" sein? Wird sie also das Ende der theoretischen Physik einläuten? Manche glauben das, so wie der kürzlich verstorbene Physiker Stephen Hawking (1942 – 2018). Bislang allerdings weist jede physikalische Theorie immer etwas Unerklärliches auf. Man darf zwar hoffen, dass man irgendwann doch eine Theorie findet, die alles erklärt. Ich bezweifle aber, dass das jemals gelingen wird. Auch in ferner Zukunft sollte es daher theoretische Physiker geben, die nach neuen Theorien suchen.

Schrödingers Katze und andere Rätsel

Was passiert bei Messungen?

Die Physik lebt von den Experimenten, denn sie sind der Vermittler zwischen Theorie und Realität. Jede Theorie liefert beobachtbare physikalische Größen wie zum Beispiel Orte und Geschwindigkeiten. Durch Experimente, also durch Messungen, lassen sich die beobachtbaren physikalischen Größen ermitteln. Damit wird überprüft, ob eine Theorie mit der Realität übereinstimmt. Das ist das entscheidende Kriterium, ob sie brauchbar ist oder nicht. Betrachten wir die Quantenmechanik in Form der Schrödinger-Gleichung. Ihre Lösungen sind die Wellenfunktionen. Die kann man nicht beobachten, denn sie sind abstrakte Objekte aus der Welt der Mathematik. Aber sie liefern beobachtbare physikalische Größen, nämlich Orte und Geschwindigkeiten. Allerdings für jeden Zeitpunkt viele unterschiedliche Orte und Geschwindigkeiten. Man sagt, dass die Wellenfunktionen Superpositionszustände darstellen. Auch die des Wasserstoffatoms liefert für sein Elektron zu jedem Zeitpunkt sehr viele verschiedene Orte und Geschwindigkeiten. Was ist davon zu halten?

Führen wir ein Experiment durch. Suchen wir nach dem Ort des Elektrons des Wasserstoffatoms. Die direkte Beobachtung ist selbstverständlich nicht möglich. Auch mit Messgeräten ist es schwierig, weil es keine derart hochauflösenden gibt. Aber man weiß von ähnlichen Messungen mit geringeren Anforderungen, was passiert: Man findet das Elektron an einem einzigen Ort. Das ist einerseits vernünftig, andererseits aber etwas unerwartet, denn die Wellenfunktion liefert ja sehr viele Orte. Also wiederholen wir die Messung bei einem anderen Wasserstoffatom. Was passiert jetzt? Wir finden das Elektron wieder an einem einzigen Ort, es ist aber ein anderer als bei der ersten Messung. Die Sache bleibt unklar, daher machen wir weiter. Wir wiederholen die Messung an einem dritten Wasserstoffatom, es kommt wieder ein anderer Ort heraus. Um die Sache übersichtlicher zu gestalten, gehen wir jetzt zu einem Gedankenexperiment über und nehmen stark vereinfachend an, dass der Superpositionszustand des Elektrons nur aus zwei verschiedenen Orten besteht. Nennen wir sie A und B. Die erste Messung hat A geliefert, die zweite B und die dritte wieder A. Das sagt uns gar nichts. Daher vermessen wir viele weitere Wasserstoffatome. Nach 100 Messungen haben wir 56 Mal A und 44 Mal B. Und nach 1000 Messungen 598 Mal A und 402 Mal B. Schließlich nach 10000 Messungen 6000 Mal A und 4000 Mal B. Wir erkennen: A und B haben feste Wahrscheinlichkeiten: Die für A beträgt 60 % und die für B 40 %. Und wir finden noch etwas: Diese Wahrscheinlichkeiten folgen aus der Wellenfunktion des Wasserstoffatoms. Jedem Ort des Superpositionszustands ordnet sie eine Zahl zu, für A beträgt sie 0,6 und für B 0,4. Das gilt natürlich auch für den echten Superpositionszustand, der aus sehr vielen, tatsächlich unendlich vielen, unterschiedlichen Orten besteht. Wir haben also zwei Fakten: Jede Messung liefert einen einzigen Ort und dieser Ort gehorcht den von der Wellenfunktion gelieferten Wahrscheinlichkeiten. Sie sind alles, was die Quantenmechanik zu den Messresultaten zu sagen hat. Die Wahrscheinlichkeiten lassen keine genauen Aussagen zu einzelnen Messungen zu, sondern nur welche zu vielen identischen Messungen. Das gilt nicht nur für die Orte des Elektrons des Wasserstoffatoms, das gilt ganz allgemein. Auch für alle anderen Quantenobjekte und auch für die Geschwindigkeiten und alle anderen veränderlichen physikalischen Größen, wie zum Beispiel die Energien. Wobei wir uns aber auf die Orte und Geschwindigkeiten beschränken.

Wir bleiben beim Beispiel der Ortsmessung bei einem Wasserstoffatom. Eine Frage drängt sich auf: Was ist mit den anderen von der Wellenfunktion gelieferten Orten passiert?

Es gibt hierzu drei Versionen. Die erste geht davon aus, dass alle anderen Orte bei der Messung verschwunden sind. Dazu sagt man, dass bei der Messung die Wellenfunktion kollabiert ist. Dadurch ist auch der Superpositionszustand kollabiert und ein einziger Ort ist übriggeblieben. Das führt allerdings zu einem Riesenproblem, denn gemäß der Quantenmechanik dürfte es den Kollaps gar nicht geben. Das nennt man das Messproblem und wir diskutieren gleich die Lösungsvorschläge.

Gemäß der zweiten Version sind alle Orte auch nach der Messung noch vorhanden. Aber man beobachtet tatsächlich ja nur einen einzigen Ort, wo sind alle anderen geblieben? Die Antwort: Das Universum hat sich in so viele Universen aufgespalten, wie es Orte gibt. Das klingt völlig verrückt, hat aber viele Anhänger.

Die dritte Version besagt, dass das Elektron sich schon vor der Messung an einem einzigen Ort befunden hat. Was aber ist dann die Bedeutung der anderen Orte des Superpositionszustands? Sie zeigen unser Unwissen bezüglich der wirklichen Realität. In dem Sinne, dass das Elektron auch an diesen Orten sein könnte, weil wir nicht genügend Information über seinen Aufenthaltsort besitzen. Dazu passen die Wahrscheinlichkeiten, denn sie spiegeln ja üblicherweise auch unsere Wissensdefizite wider, wie zum Beispiel beim Würfeln. Wenn die dritte Version zutrifft, dann hat das gewaltige Konsequenzen, denn dann ist die Quantenmechanik auf fundamentale Art und Weise unvollständig.

Schauen wir uns jetzt alle drei Versionen genauer an.

Der Kollaps der Wellenfunktion – Das Messproblem

Starten wir mit der ersten Version. Sie besagt, dass bei der Messung die Wellenfunktion und damit der Superpositionszustand kollabiert und ein einziger Zustand, zum Beispiel ein einziger Ort, übrigbleibt. Gemäß der Quantenmechanik sollte aber etwas völlig anderes passieren. Das Messgerät sollte auch in einen Superpositionszustand übergehen und alle Orte des Superpositionszustands des Elektrons gleichzeitig anzeigen. Man könnte sich das so vorstellen, dass der Monitor des Messgeräts ein 3D-Modell des Wasserstoffatoms anzeigt. Gemäß der Quantenmechanik sollte es voller Punkte sein, jeder von ihnen entspricht einem der Orte des Elektrons. Wobei sich dann die Frage stellt, wie das zu deuten ist. Denn es gibt ja nur ein einziges Elektron. Springt es extrem schnell von Ort zu Ort, so dass das aufgrund der begrenzten zeitlichen Auflösung des Messgeräts zu den vielen Punkten führt? Die Diskussion ist müßig, weil sie in der Realität überhaupt nicht vorhanden sind, es gibt vielmehr stets nur einen einzigen Punkt.

Ich sage es nochmal: Das Messgerät sollte gemäß der Quantenmechanik bei jeder Messung in einen Superpositionszustand übergehen. Was aber definitiv nicht geschieht. Gott sei Dank, muss man sagen, denn wie schon Erwin Schrödinger erkannt hat, würde das ansonsten zu absurden Situationen führen. Er illustrierte es anhand einer Katze, die heute als „Schrödingers Katze“ bezeichnet wird. In seinem Gedankenmodell, in der Realität wäre es Tierquälerei, sind ein radioaktives Atom, ein Geigerzähler, ein Behälter mit giftigem Gas und eine Katze gemeinsam in einer Kiste. Zerfällt das radioaktive Atom, so registriert das der Geigerzähler. Der wiederum setzt dann das giftige Gas frei und die Katze stirbt. Jedoch ist unbekannt, wann das radioaktive Atom zerfällt. Es befindet sich daher in einem Superpositionszustand aus „nicht zerfallen“ und „zerfallen“. Entsprechend ist der Geigerzähler in einem Superpositionszustand aus „nicht registriert“ und „registriert“. So geht es weiter. Das giftige Gas ist gleichzeitig „nicht freigesetzt“ und „freigesetzt“ und die Katze gleichzeitig lebendig und tot. Ich betone es nochmals: So sollte es gemäß der Quantenmechanik sein. Sie erkennen, dass die Katze ein Messgerät darstellt.

Für die Anhänger der ersten Version stimmt die Quantenmechanik bei jeder Messung nicht mit der

Realität überein. Es findet der Kollaps statt und der wird von der Quantenmechanik nicht geliefert. Daher stellt er ein Riesenproblem dar, das sogenannte Messproblem.

Lösungsvorschläge für das Messproblem

Schon kurz nach der Entstehung der Quantenmechanik, also Ende der 20er Jahre des letzten Jahrhunderts, setzte sich die sogenannte Kopenhagener Deutung als Standardsicht für die Ursache des Kollapses durch. Die Hauptrolle bei ihrer Entwicklung spielte der dänische Physiker Niels Bohr, der sein Institut in Kopenhagen hatte. Wir kennen ihn schon von seinem Atommodell, mit dem er eine gewisse Vorarbeit für die Entwicklung der Quantenmechanik geleistet hat. Auch der deutsche Physiker Werner Heisenberg, der eng mit Niels Bohr zusammengearbeitet hat, war maßgeblich beteiligt. Wobei sich die Ansichten der beiden teilweise unterschieden haben. Überhaupt ist die Kopenhagener Deutung nicht eindeutig. Das hängt auch damit zusammen, dass Niels Bohr nicht dafür bekannt war, dass er sich verständlich ausdrücken konnte.

Im Mittelpunkt der Kopenhagener Deutung steht die Annahme, dass die Quantenmechanik nur für die Welt der Atome und Moleküle gültig ist, also nur für die Messobjekte, wenn sie aus dieser Welt kommen. Das

Messgerät selbst muss mittels der klassischen Physik beschrieben werden. Was bedeutet, dass es sich nie in einem Superpositionszustand befinden kann. Denn die sind in der klassischen Physik völlig unvorstellbar. Schließt man das Messobjekt, das sich in einem Superpositionszustand befindet, an das Messgerät an, dann kann es keinesfalls auch in einen Superpositionszustand übergehen. Es erzwingt vielmehr den Kollaps des Superpositionszustands des Messobjekts. Löst das das Messproblem? Ja, aber nicht auf eine zufriedenstellende Art und Weise. Denn die Quantenmechanik ist dann nicht universell gültig, sondern nur in Kombination mit der klassischen Physik. Ohne Letztere ist die Quantenmechanik sogar wertlos. Denn das Einzige, was sie liefert, sind ja die Wahrscheinlichkeiten und die tauchen nur bei den Messungen auf, also wenn gemäß der Kopenhagener Deutung die Quantenmechanik mit der klassischen Physik zusammentrifft. Ich denke, die Kopenhagener Deutung muss man als ein Relikt aus der Anfangsphase der Quantenmechanik betrachten, als die Physiker noch stark dem Denken gemäß der klassischen Physik verhaftet waren und sich deshalb nur schwer von ihr trennen konnten. Heutzutage sollte sie überholt sein. Wobei oft behauptet wird, dass sie noch viele Anhänger hat. Falls das stimmt, hängt das vermutlich damit zusammen, dass es keine bessere Lösung für das Messproblem gibt.

Die Grenze zwischen der Quantenwelt und der klassischen Welt ist willkürlich. Es gibt keine Physik, die sie vorschreibt. Für die Kopenhagener Deutung liegt die Grenze zwischen dem Messobjekt und dem Messgerät, daher gehört Letzteres bereits zur klassischen Welt. Der berühmte ungarisch-amerikanische Mathematiker John von Neumann (1903 – 1957) setzte die Grenze zwischen das Messgerät und den menschlichen Beobachter. Das Messgerät befindet sich dann auch in einem Superpositionszustand (so wie Schrödingers Katze) und erst der Beobachter bewirkt den Kollaps. Genauer gesagt soll es das Bewusstsein des Beobachters sein, das den Kollaps bewirkt. Eine Idee, die intensiv diskutiert wurde und in einigen eher esoterisch angehauchten Kreisen immer noch diskutiert wird [13]. Allerdings ist sie wenig glaubhaft. Denn das würde ja bedeuten, dass erst mit dem Auftauchen des Bewusstseins in der Evolutionsgeschichte der Lebewesen es erstmalig zum Kollaps der Wellenfunktionen gekommen ist. Und wo ist die Grenze? Auch ein Affe hat vermutlich ein Bewusstsein. Zwar weniger ausgeprägt, aber würde es genügen, den Kollaps zu verursachen, wenn er ein Messgerät betrachtet? Eine nicht zielführende Diskussion. Abgesehen davon, dass bislang völlig unklar war, wie unser Bewusstsein erzeugt wird. Daher lässt sich auch nicht begründen, warum ausgerechnet das Bewusstsein den Kollaps der Wellenfunktion verursachen sollte. Es sei denn, man folgt dem Motto: Der Kollaps ist rätselhaft, das Bewusstsein ist rätselhaft. Das könnte doch bedeuten, dass beide zusammenhängen. Im vorletzten Kapitel liefere ich eine, wie ich finde, plausible Erklärung für unser Bewusstsein. Sie zeigt, dass es tatsächlich einen Zusammenhang zwischen den Superpositionszuständen und dem Bewusstsein gibt. Sie zeigt aber auch, dass das Bewusstsein definitiv nicht den Kollaps verursacht, sondern im Gegenteil aufs Engste mit der Erzeugung der Superpositionszustände verbunden ist.

Der wunde Punkt der Kopenhagener Deutung ist die Verbindung mit der klassischen Physik. Daher die Frage, ob sich das Messproblem auch ohne sie lösen lässt. Beim Kollaps wird ja die Schrödinger-Gleichung ungültig. Der eigentlich naheliegende Ansatz ist daher die Modifizierung der Schrödinger-Gleichung. Die so geschieht, dass sie auch den Kollaps enthält. Das wurde von den Physikern Ghirardi, Rimini und Weber erstmalig ausgearbeitet und 1985 veröffentlicht. Entsprechend den Anfangsbuchstaben ihrer Nachnamen nennt man die Modifizierung die GRW-Theorie. Der Kollaps wird als zusätzliches Element in die Schrödinger-Gleichung eingebaut. Er ist zufällig, seine Wahrscheinlichkeit steigt aber mit der Größenzunahme des beschriebenen Objekts. Bei Atomen und Molekülen ist er extrem unwahrscheinlich, bei makroskopischen Objekten wie Messgeräten tritt er hingegen sofort auf. Das ist allerdings keine „gute“ Theorie in dem Sinne, dass sie eine Erklärung für den Kollaps liefert. Sie ist nur eine Anpassung der Beschreibung an die Realität. Daher spielt die GRW-Theorie auch eine völlig untergeordnete Rolle und wird keinesfalls als die Lösung des Messproblems betrachtet.

Die Viele-Welten-Interpretation

Kommen wir jetzt zur zweiten Version bezüglich der Antwort auf die Frage, warum man bei einer Messung trotz Superpositionszustand nur einen einzigen Zustand, beispielsweise einen einzigen Ort, beobachtet. Die zweite Version besagt, dass es bei einer Messung gar keinen Kollaps der Wellenfunktion und damit des Superpositionszustands gibt. Das bedeutet, dass man um das Messproblem herumkommt. Schauen wir uns daher jetzt die zweite Version etwas genauer an. Sie nennt sich die Viele-Welten-Interpretation und hat unter den Physikern zahlreiche Anhänger. Liegt, so mein Eindruck, nur knapp hinter der Kopenhagener Deutung. Um was geht es? Die Grundidee hat Hugh Everett

(1930 – 1982) in den fünfziger Jahren im Rahmen seiner Doktorarbeit ausgearbeitet [14]. Er verwendete aber nicht den Begriff „Viele-Welten“. Everett verzichtete auf die klassische Physik, ging vielmehr davon aus, dass die Quantenmechanik universelle Gültigkeit besitzt. Schließt man das sich in einem Superpositionszustand befindende Messobjekt an das Messgerät an, so geht es auch in einen Superpositionszustand über. Ohne die klassische Physik dehnt sich der Superpositionszustand immer weiter aus. Er umfasst den Beobachter, das Labor, die Stadt, die gesamte Erde und irgendwann das gesamte Universum. Der Superpositionszustand des Messobjekts hat somit zum Superpositionszustand des gesamten Universums geführt. Das ist nur konsequent und unstrittig, wenn man der Quantenmechanik universelle Gültigkeit zugesteht.

Zu jedem Superpositionszustand gehört eine Wellenfunktion. Dem vom Messobjekt bewirkten Superpositionszustand des Universums entspricht also eine das gesamte Universum umfassende Wellenfunktion. Sie besteht aus sehr vielen Zweigen und jeder einzelne stellt die Ausdehnung eines einzelnen Zustands des Messobjekts auf das gesamte Universum dar. Das kann man aber auch so interpretieren, wie es Hugh Everett getan hat: Jeder Zweig entspricht einem anderen Universum und in jedem dieser Universen beobachtet man genau einen Zustand. Bei Schrödingers Katze hätte man also zwei Universen. In dem einen ist die Katze tot, in dem anderen ist sie lebendig. Der Kollaps der Wellenfunktion findet nicht statt, alle Zustände des Messobjekts bleiben erhalten. Die Schrödinger-Gleichung ist daher auch bei allen Messungen gültig.

Zunächst fand die Idee von Hugh Everett keine Beachtung. Aber 1970 wurde sie vom bekannten Physiker Bryce DeWitt (1923 – 2004) in einer renommierten Fachzeitschrift veröffentlich [15]. Und er führte den Begriff „Vielen-Welten-Interpretation" ein. Das machte die Idee populär.

Ein großer Schwachpunkt der Viele-Welten-Interpretation stellt das Verschwinden der Wahrscheinlichkeiten dar. Denn alle Messergebnisse sind ja stets vorhanden, ohne Unterschied. Zwar versuchte man, die Wahrscheinlichkeiten einzubringen, aber überzeugend ist das bislang nicht gelungen.

Zunächst war auch unklar, warum die einzelnen Beobachter in den unterschiedlichen Universen nichts voneinander wissen. Beim Katzen-Experiment sehe ich nur die tote oder die lebendige Katze, von meinem zweiten „Ich", das den anderen Zustand sieht, merke ich nichts. Das konnte mit der in den 70er und 80er Jahren entwickelten Dekohärenz erklärt werden. Sie lässt sich so zusammenfassen: Je mehr die Wellenfunktion umfasst, desto weniger „merken“ ihre einzelnen Zweige voneinander. Das ist genau der gesuchte Effekt. Hierzu wieder zurück zum Katzen-Experiment. Je mehr Objekte man einbezieht, also Messobjekt, Messgerät = Katze, Beobachter, die Wohnung, die Stadt, die Erde, schließlich das ganze Universum, desto weniger merkt der Zweig „tote Katze“ vom Zweig „lebendige Katze“. Daher merke ich, wenn ich die tote Katze sehe, nichts von meinem Double, das die lebendige Katze sieht.

Die Dekohärenz liefert zwar einerseits die Erklärung für die Isolierung der einzelnen Zweige der Wellenfunktion, deckt aber einen weiteren großen Schwachpunkt der Viele-Welten-Interpretation auf. Denn außer unserer Welt lassen sich alle anderen Welten nicht nachweisen. Daher wird die Viele-Welten-Interpretation immer spekulativ bleiben.

Bei jeder Messung teilt sich das Universum in viele Universen auf. Eigentlich eine völlig verrückte Idee, nur um die Schrödinger-Gleichung zu retten. Wobei es nicht wenige Physiker gibt, die von der Viele-Welten-Interpretation überzeugt sind. Wie zum Beispiel der britische Physiker David Deutsch (geb. 1953). Für ihn „ist es erstaunlich, dass sie immer noch kontrovers diskutiert wird“. Ich denke, dass hier wieder das alte Thema auftaucht, dass in den Köpfen vieler Physiker Realität und Mathematik miteinander verschmelzen.

Konsequenterweise ist auch der schon erwähnte Max Tegmark, Verfasser des Buchs „Unser mathematisches Universum“, ein Verfechter der Viele-Welten-Interpretation.

Die De-Broglie-Bohm-Theorie

Jetzt zur dritten Version: Schon vor der Messung war das Elektron des Wasserstoffatoms an einem einzigen Ort. Albert Einstein und Erwin Schrödinger waren Anhänger dieser Version. Sie hat große Konsequenzen, denn sie bedeutet, dass die Quantenmechanik unvollständig ist. Zwar ist sie auch gemäß der Kollaps-Version unvollständig, denn sie enthält ja nicht den Kollaps, aber jetzt sprechen wir von einer fundamentalen Unvollständigkeit. In dem Sinne, dass die Superpositionszustände und die Wahrscheinlichkeiten keine vollständige Beschreibung der Quantenobjekte darstellen. Das ist so ähnlich, wie wenn man sagen würde, dass beim Würfeln die sechs Möglichkeiten für die am Schluss obenliegende Zahl und die Wahrscheinlichkeiten von 1/6 für jede Zahl alles wäre, was es zum Würfel zu sagen gibt. Tatsächlich gehorcht er aber den Gesetzen der Mechanik und mit ihnen kann man berechnen, sofern man die Anfangsbedingungen und alle Kräfte genau kennt, welche Zahl am Schluss oben liegen bleibt. Die Beschränkung auf die Möglichkeiten und Wahrscheinlichkeiten kommt von unserer Unwissenheit. Bei der Quantenmechanik ist es gemäß den Anhängern der dritten Version genauso: Es gibt eine fundamentalere deterministische Theorie und gemäß ihr ist das Messobjekt bereits vor der Messung in einem eindeutigen Zustand. Aber gibt es solch eine fundamentalere Theorie? Gefunden wurde nur eine Einzige, das ist die De-Broglie-Bohm-Theorie, die ich jetzt näher erläutern werde.

Louis de Broglie, ihn kennen wir davon, dass er den Welle-Teilchen-Dualismus des Lichts auf die Materie erweitert hat, war ebenfalls Anhänger der dritten Version. Er entwickelte schon in der 20er Jahren eine Theorie, in der die Quantenobjekte doch feste Bahnen haben. Aber sie wurde vehement kritisiert, auch von Einstein und Schrödinger, so dass de Broglie sie schließlich aufgab.

In der 50er Jahren wurde sie dann vom amerikanischen Physiker David Bohm (1917 – 1992) wiederentdeckt. Wobei er die entsprechenden Arbeiten von de Broglie gar nicht kannte. Bohm gehörte für kurze Zeit der kommunistischen Partei an. Er musste deshalb in den 50er Jahren die USA verlassen. Was die Akzeptanz seiner Theorie zunächst stark behinderte. Sie spielt auch heute nur eine Außenseiterrolle, allerdings aus anderen Gründen, wie ich noch erläutern werde.

Das entscheidende Merkmal der De-Broglie-Bohm-Theorie: Alle Quantenobjekte haben stets bestimmte Orte und damit bestimmte Bahnen. Daher haben sie auch bestimmte Geschwindigkeiten. Unabhängig davon, ob jemand misst oder nicht. Das bringt den Determinismus zurück [16].

Gemäß der Quantenmechanik werden die Zustände der Quantenobjekte von den Wellenfunktionen vollständig festgelegt. Bei der De-Broglie-Bohm-Theorie ist das nicht mehr der Fall. Zwar sind die Wellenfunktionen identisch mit denen der Quantenmechanik, es kommt aber noch etwas hinzu. Das sind die bestimmten Orte der Quantenobjekte.

Der Unterschied zwischen der Quantenmechanik und der De-Broglie-Bohm-Theorie lässt sich so zusammenfassen: Bei der Quantenmechanik (wir ignorieren die Viele-Welten-Interpretation) erfolgt die Auswahl des einzigen Ortes erst bei der Messung, bei der De-Broglie-Bohm-Theorie findet die Auswahl losgelöst von der Messung statt, sie ist über die bestimmten Orte in die Theorie eingebaut. Die Auswahlregel bei der Quantenmechanik besteht aus den von der Wellenfunktion gelieferten Wahrscheinlichkeiten. Wie sieht sie bei der De-Broglie-Bohm-Theorie aus? Es ist exakt die gleiche Auswahlregel. Daher ist es kein Wunder, dass die vorhergesagten experimentellen Resultate genau denen der

Quantenmechanik entsprechen. Und es ist auch klar, dass die De-Broglie-Bohm-Theorie das Messproblem löst, da ja der Kollaps bereits in die Theorie eingebaut ist. Bei der wirklichen Messung ist dann kein Kollaps mehr nötig.

Die De-Broglie-Bohm-Theorie liefert also keinen neuen Aspekt. Zudem bleibt unklar, ob es die außerhalb der Messungen vorliegenden bestimmten Orte wirklich gibt. Denn wie schon festgestellt, unterscheiden sich die experimentellen Vorhersagen überhaupt nicht von denen der Quantenmechanik. Das ist, neben dem nicht vorhandenen Mehrwert, ein großer Schwachpunkt der De-Broglie-Bohm-Theorie. Denn gemäß gängiger Sicht zeichnet sich eine „gute" Theorie dadurch aus, dass sie mittels Experimenten bestätigt oder widerlegt werden kann. Das ist bei der De-Broglie-Bohm-Theorie definitiv nicht der Fall. Daher ist sie nicht überzeugend. Einstein hat das direkt erkannt, in einem Brief an Max Born vom 12. Mai 1952 schreibt er: „Hast Du gesehen, dass der Bohm (wie übrigens vor 25 Jahren schon de Broglie) glaubt, dass er die Quantentheorie deterministisch umdeuten kann? Der Weg scheint mir zu billig. Aber Du kannst das natürlich besser beurteilen."

Das Doppelspalt-Experiment

Betrachten wir wieder das Elektron des Wasserstoffatoms. Es befindet sich (wir ignorieren die De-Broglie-Bohm-Theorie), wenn wir es nicht beobachten, in Superpositionszuständen aus sehr vielen verschiedenen Orten und Geschwindigkeiten. Wie ist das zu deuten? Betrachten wir die vielen verschiedenen Orte. Hält sich das Elektron an allen diesen Orten gleichzeitig auf? Das widerspricht dem gesunden Menschenverstand. Können wir nicht mit einem trickreichen Experiment mehr erfahren? Eine direkte Beobachtung eines Superpositionszustands ist aufgrund des Kollapses unmöglich. Aber könnte nicht zumindest eine indirekte Beobachtung möglich sein? Das ist tatsächlich der Fall, und zwar mittels eines Experiments, das sie bereits kennen, dem Doppelspalt-Experiment. Damit hat Thomas Young gezeigt, dass Licht aus Wellen besteht. Diesmal nehmen wir aber kein Licht, sondern Elektronen. Es wird ein Strom von Elektronen verschossen, eins nach dem anderen. Verschließen wir zunächst einen der beiden Spalten. Was passiert? Sobald ein Elektron den Gewehrlauf verlassen hat, befindet es sich in Superpositionszuständen aus sehr vielen Orten und Geschwindigkeiten. Einigen Elektronen gelingt der Durchtritt durch den offenen Spalt. Sie werden an einer zweiten Wand dahinter registriert. Das entspricht einer

Messung und die Superpositionszustände kollabieren. Jedes registrierte Elektron erzeugt daher auf der zweiten Wand (sie ist schwarz) einen hellen Punkt, denn es ist dort nur noch an einem einzigen Ort. Nachdem sehr viele Elektronen verschossen wurden, beobachtet man zwar eine Verteilung der Punkte, aber mit einer Anhäufung in gerader Linie hinter dem offenen Spalt, so wie man das auch von Tennisbällen erwarten würde. Jetzt öffnen wir den zweiten Spalt und verschießen wieder nacheinander die Elektronen. Nach einiger Zeit beobachten wir auf der zweiten Wand ein Muster aus abwechselnd hellen und dunklen Streifen. Die hellen enthalten viele Punkte, dort sind viele Elektronen angekommen. Die dunklen enthalten kaum Punkte. Dort sind sehr wenige Elektronen angekommen. Wie ist das zu deuten?

Die abwechselnd hellen und dunklen Streifen kennen Sie schon vom Doppelspalt-Experiment des Thomas Young. Das war damals der Nachweis, dass Licht aus Wellen besteht. Sie können sich überlagern, das nennt man Interferenz und führt zu ihrer Verstärkung und auch zu ihrer Auslöschung. Genau das passiert hinter den zwei Spalten und erzeugt an der zweiten Wand die hellen (= viel Licht = Verstärkung) und dunklen Streifen (= sehr wenig Licht = Auslöschung).

Kehren wir wieder zum Doppelspalt-Experiment mit den Elektronen zurück. Klar ist, dass diejenigen von ihnen, die die Spalten durchqueren, sich im Moment des Durchquerens in einem Superpositionszustand aus allen Orten in den beiden Spalten befinden. Das Interferenz-Muster aus hellen und dunklen Streifen stellt eine indirekte Beobachtung dieses Superpositionszustands dar. Denn es verschwindet, wenn einer der beiden Spalten geschlossen wird. Was lernt man daraus über den Superpositionszustand?

Der „gesunde Menschenverstand" sagt, dass die Elektronen nur durch einen der beiden Spalten fliegen. Das kann aber nicht die ganze Wahrheit sein, denn man beobachtet ja die hellen und dunkeln Streifen auf der zweiten Wand. Die zeigen, dass irgendetwas wellenartiges gleichzeitig durch beide Spalten „fliegen" muß und hinter den Spalten, so wie die beiden Lichtwellen beim Youngschen Doppelspalt-Experiment, miteinander interferiert. Nur so lassen sich die hellen und dunklen Streifen erklären.

Beschrieben werden die Superpositionszustände der Elektronen mittels einer Wellenfunktion und die ist wellenartig. Sie ist räumlich ausgedehnt, kann daher durch beide Spalten „hindurchfliegen". Dabei teilt sie sich in zwei Zweige auf und die interferieren, so wie zwei Lichtwellen, hinter den beiden Spalten. Was in manchen Bereichen ihre Verstärkung und in anderen ihre Auslöschung bewirkt. Das verstärkt und vermindert die Wahrscheinlichkeiten, was zu den hellen (hohe Wahrscheinlichkeit = viele Elektronen) und dunklen Streifen (geringe Wahrscheinlichkeit = wenige Elektronen) auf der zweiten Wand führt. Das ist die Standardsicht. Zwar ist sie nicht zufriedenstellend, denn die Wellenfunktion ist ein abstraktes Gebilde aus der Welt der Mathematik. Aber sie liefert die Erklärung für die hellen und dunklen Streifen und eine bessere Alternative konnte bislang nicht gefunden werden.

Was ist mit den Elektronen? Wie sind sie durch die Spalten gekommen? Was sagt die Kopenhagener Deutung? Für Niels Bohr war die Sache klar: Schon die Frage ist unzulässig, denn es gibt zu den Elektronen, bevor sie an der zweiten Wand registriert werden, nichts zu sagen. Die Quantenwelt ist uns gemäß Bohr außerhalb der Messungen grundsätzlich verschlossen. Werner Heisenberg tendierte zu einer gemäßigteren Version. Die besagt, dass die Elektronen, sobald sie den Gewehrlauf verlassen haben, aus der materiellen Welt verschwinden und in die Welt der Möglichkeiten eintauchen. Diese Welt ist die Welt der Mathematik, genauer gesagt die Welt der Wellenfunktionen. Man identifiziert die Elektronen also mit ihrer Wellenfunktion. Wie wir gesehen haben, wird das Interferenz-muster von der durch beide Spalten „hindurchfliegenden“ Wellenfunktion erzeugt. Somit fliegen auch die in die Welt der Mathematik eingetauchten Elektronen als Wellenfunktionen verkleidet durch beide Spalten. Erst an der zweiten Wand kehren sie wieder in die materielle Welt zurück.

Was sagt die De-Broglie-Bohm-Theorie? Gemäß ihr haben die Elektronen eine feste Bahn, fliegen also jeweils durch einen der beiden Spalten. Das klingt vernünftig, entspricht dem gesunden Menschenverstand. Sie werden dabei allerdings von der Wellenfunktion geführt und dieses Führen bewirkt die hellen und dunklen Streifen auf der zweiten Wand. Wenn wir Niels Bohr ignorieren, haben wir somit zwei Möglichkeiten. Entweder die Vorstellung, dass die Elektronen als „Geisterteilchen“ durch beide Spalten fliegen oder wir akzeptieren die De-Broglie-Bohm-Theorie. Was ist das kleinere Übel? Keines von beidem.

Was sind die Konsequenzen?

Auf der Haben-Seite der Quantenmechanik stehen die gelieferten Wahrscheinlichkeiten, die bei allen Quantenobjekten wunderbar mit der Realität übereinstimmen. Allerdings sind die mit ihnen möglichen Vorhersagen begrenzt, nur von statistischer Natur. Auf der Soll-Seite steht die meiner Meinung nach völlig ungelöste Frage, wie der mathematische Formalismus der Quantenmechanik zu deuten ist. Keine der hierfür erdachten drei Versionen ist auch nur ansatzweise überzeugend. Und wir reden von einem Thema, das fast 100 Jahre alt ist. Was sagt uns das? Für mich ist die Sache klar, es liegt an unserem materiellen Weltbild. Um die Quantenmechanik zu verbessern, ist etwas radikal Neues notwendig, nämlich eine Ergänzung des materiellen Weltbildes. Hierzu mache ich im nächsten Kapitel einen Vorschlag.

Die Unbestimmtheitsrelation

Die meisten Menschen haben wohl schon von der Heisenbergschen Unbestimmtheitsrelation gehört. Manchmal sagt man auch Unschärferelation. Sie ist eine Konsequenz des mathematischen Formalismus der Quantenmechanik. Und geht auf Werner Heisenberg zurück, der sie anhand eines Elektrons begründet hat, das mittels eines Mikroskops beobachtet wird. Das verwirrt nur, da es nicht den eigentlichen Kern der Unbestimmtheit erfasst. Ich komme darauf zurück.

Fangen wir mit der Physik vor der Quantentheorie, also der klassischen Physik, an. Die Objekte unserer Alltagswelt werden von ihr sehr gut beschrieben. Zum Beispiel auch der Ball, den Sie werfen. Er beschreibt eine Bahn. Das bedeutet, dass er zu jedem Zeitpunkt einen bestimmten Ort und eine bestimmte Geschwindigkeit hat. Und wenn Sie seinen Ausgangsort und seine Ausgangsgeschwindigkeit kennen, dann können Sie exakt berechnen, wo und mit welcher Geschwindigkeit er auf den Boden trifft. In der Quantenwelt ist das ganz anders. Denn wie von mir erläutert, befinden sich die Objekte der Quantenwelt, zum Beispiel die Elektronen in den Atomen, in Superpositionszuständen. Sowohl bezüglich ihrer Orte als auch bezüglich ihrer Geschwindigkeiten. Bei einer Ortsmessung beobachtet man allerdings nur einen einzigen Ort und bei einer Geschwindigkeitsmessung nur eine einzige Geschwindigkeit. Wir wir gesehen haben, lassen diese sich nicht exakt berechnen, man kann nur Wahrscheinlichkeiten angeben. Was bedeutet, dass die Resultate von Messungen von Ort oder Geschwindigkeit unbestimmt sind.

Die unterschiedlichen Orte in einem Superpositionszustand können sehr weit ausgedehnt sein, dann ist die Unbestimmtheit bezüglich des Ortes bei einer Messung sehr groß. Führt man sehr viele Messungen an identischen Systemen durch, dann streuen die Messergebnisse, also die jeweiligen Orte, sehr stark. Die unterschiedlichen Orte können aber auch sehr eng beieinanderliegen. Dann ist die Unbestimmtheit bezüglich des Ortes sehr klein. Gleiches gilt für die Geschwindigkeiten.

Nun ist es so, dass die Größen der Unbestimmtheiten von Ort und Geschwindigkeit miteinander zusammenhängen. Das stellt fachlich ausgedrückt eine Relation dar, eben die Unbestimmtheitsrelation. Warum es diese Relation gibt, lässt sich leider nicht halbwegs anschaulich erläutern. Sie folgt, wie schon oben festgestellt, aus dem mathematischen Formalismus der Quantenmechanik. In Worten lässt sich die Unbestimmtheitsrelation so formulieren: Ist die Unbestimmtheit bezüglich des Ortes klein, dann ist sie bezüglich der Geschwindigkeit groß. Und umgekehrt. Verringert man die Unbestimmtheit bezüglich des Ortes sehr stark, indem man beispielsweise ein Elektron durch ein kleines Loch fliegen lässt, dann wird hinter dem Loch die Unbestimmtheit des Elektrons bezüglich seiner Geschwindigkeit sehr viel größer als vor dem Loch sein.

Noch ein Beispiel: Wenn Sie ein Elektron in immer kleinere Kästchen einsperren, dann wird die Unbestimmtheit bezüglich seiner Geschwindigkeit immer größer. Was insbesondere dazu führt, dass es höhere Geschwindigkeiten bekommt. Das liefert eine alternative Erklärung für die Stabilität der Atome. Denn gemäß der klassischen Physik geben ja die Elektronen in den Atomen Energie ab und stürzen in den Kern. Gemäß der Unbestimmtheitsrelation ist die Vereinigung mit dem Kern aber nicht möglich, da die Elektronen, je näher sie dem winzigen Kern kommen, eine immer höhere Geschwindigkeit annehmen und somit wieder vom Kern wegfliegen. Das garantiert die Stabilität der Atome.

Zurück zum Heisenbergschen Mikroskop und der damit verbundenen sehr unglücklichen Begründung der Unbestimmtheitsrelation. Beobachtet man ein Elektron mittels eines Mikroskops, dann bedeutet das in der Sprache der Physik, dass Lichtteilchen, also Photonen, mit dem Elektron wechselwirken. Je genauer man das Elektron lokalisieren will, desto größer muss die Energie der Photonen sein. Desto größer dann auch die Störung des Elektrons durch die Photonen. Und diese Störung führt laut Heisenberg zur Unbestimmtheitsrelation. Natürlich gibt es diese Störung, aber sie trifft nicht den Kern der Sache. Nämlich, dass auch ohne diese Störung sowohl der Ort als auch die Geschwindigkeit des Elektrons unbestimmt sind und beide Unbestimmtheiten miteinander zusammenhängen.

Verschränkung – die spukhafte Fernwirkung

Sind die Superpositionszustände schon merkwürdig genug, so werden sie von der Verschränkung nochmals gewaltig übertroffen. Wobei sie eine Konsequenz der Superpositionszustände darstellt. Sie gibt es immer dann, wenn zwei Objekte sich in einem gemeinsamen und untrennbaren Superpositionszustand befinden. Hier nun ein anschauliches Beispiel. Zunächst die Version aus unserem Alltagsleben außerhalb der Quantenwelt.

Sie packen zwei Koffer. In den einen legen Sie eine grüne Socke, in den anderen eine rote Socke. Zwei Freunde, Alex und Paul, verreisen mit diesen Koffern. Sie bekommen von Ihnen die Anweisung, dass sie die Koffer erst am Zielort öffnen sollen. Alex fährt nach Mallorca, Paul nach Izmir. Wenn Alex seinen Koffer öffnet und die grüne Socke findet, dann weiß er, dass im Koffer von Paul sich die rote Socke befindet. Und umgekehrt. Ob Alex und Paul eine rote oder grüne Socke finden, war schon vor dem Öffnen der Koffer klar, die beiden wussten es nur nicht.

Nehmen wir nun an, die beiden Socken in den Koffern wären Bestandteil der Quantenwelt. Das sind sie natürlich nie, es ist ein reines Gedankenexperiment. Als Bestandteil der Quantenwelt befinden sich die Socken bezüglich grün und rot in einem Superpositionszustand. Aber nur, solange die Koffer geschlossen sind. Ihr Öffnen und das Betrachten der Quantensocken entsprechen einer Messung. Das bewirkt den Kollaps der Superpositionszustände und eine einzige Farbe bleibt übrig. Der entscheidende Unterschied zu unserem Alltagsleben: Vor dem Öffnen der Koffer ist noch völlig unklar, welche Farbe Alex und Paul finden. Klar wurde es erst beim Öffnen der Koffer.

Die beiden Quantensocken sollen auch noch verschränkt sein. Was das bedeutet, klingt zunächst harmlos: Ist die eine Socke rot, so ist die andere grün. Es ist aber überhaupt nicht harmlos, wie Sie jetzt sehen werden. Nehmen wir an, dass Alex in Mallorca zuerst den Koffer öffnet. Mit dem Öffnen nimmt seine Socke eine eindeutige Farbe an. Und es geschieht das Unglaubliche: Im gleichen Augenblick nimmt die Socke im noch geschlossenen Koffer von Paul in Izmir die andere Farbe an. Die Socke im Koffer von Alex übt also auf die im Koffer von Paul eine Wirkung aus. Diese ist augenblicklich und erfolgt über beliebige Entfernungen. Paul könnte mit seinem Koffer sogar viele Lichtjahre entfernt auf einem fernen Planeten sein.

Widerspricht das der speziellen Relativitätstheorie? Denn sie besagt ja, dass Wirkungen nur mit maximal der Lichtgeschwindigkeit übertragen werden können. Das übliche Argument, warum es nicht widerspricht, besteht darin, dass durch Verschränkung keine Information übertragen werden kann. Nehmen wir an, dass Alex vor der Abreise Paul mitgeteilt hat, dass er ihm von Mallorca aus mittels der Verschränkung eine Botschaft schickt: Wenn Paul die grüne Socke findet, dann gibt es im Hotel von Alex auch Kölsch. Wenn Paul die rote Socke findet, dann gibt es nur Pils und Hefeweizen. Das mit der Botschaft funktioniert aber nicht, denn Alex kann nicht steuern, welche Farbe beim Öffnen seines Koffers auftaucht. Die Auswahl erfolgt völlig zufällig. Dadurch kann er auch nicht steuern, welche Farbe Paul findet, und daher kann er auch keine Botschaft an Paul schicken. Aber der Widerspruch zur speziellen Relativitätstheorie ist damit nicht ausgeräumt, wie die anhaltenden Diskussionen zeigen [17]. Zwar ist tatsächlich, um auf unser Beispiel zurückzukommen, keine Informationsübertragung zwischen Alex und Paul möglich. Es wird aber Information zwischen den Quantensocken übertragen. Die von Paul erfährt ja von der von Alex, welche Farbe sie annehmen muss. Und das augenblicklich und über beliebige Entfernungen.

Schon 1935 entdeckte Albert Einstein, dass der mathematische Formalismus der Quantenmechanik zur Verschränkung führt. Sie widerspricht einem der Grundprinzipien der klassischen Physik, der Lokalität. Dafür hatte man im 19. Jahrhundert bei der elektromagnetischen Kraft die Felder eingeführt, so dass sie immer lokal, also vor Ort, wirkt. Verletzt wurde die Lokalität vom Newtonschen Gravitationsgesetz, aber Einstein konnte sie mit seiner allgemeinen Relativitätstheorie wieder herstellen. Daher war ihm sehr daran gelegen, dass die Quantenmechanik nicht erneut die Nicht-Lokalität ins Spiel bringt. Er nannte die Verschränkung die „spukhafte Fernwirkung“.

Einstein ging davon aus, dass über die Quantenmechanik hinaus sogenannte „verborgene Variablen“ existieren. Sie bewirken in unserem Beispiel der Quantensocken, dass sie sich vor der Abreise einander „absprechen“, wie sie sich im Falle des Öffnens der Koffer verhalten werden. Eine augenblickliche Beeinflussung ist dann nicht mehr nötig und das Prinzip der Lokalität bleibt erhalten.

Bis in die sechziger Jahre blieb das Phänomen der Verschränkung weitgehend unbeachtet, weil man davon überzeugt war, dass sich experimentell niemals feststellen lässt, ob Einstein recht hatte oder nicht. Dann griff der irische Physiker John Bell (1928 – 1990) in den sechziger Jahren das Thema wieder auf. Er konnte ein Kriterium angeben, mit dem sich experimentell feststellen lässt, ob eine vorherige Absprache vorliegt oder eine augenblickliche Beeinflussung stattfindet. Die bisher hierzu durchgeführten Experimente sind eindeutig, die „spukhafte Fernwirkung“ existiert wirklich und Einstein hatte ausnahmsweise einmal unrecht. Eine Erklärung konnte allerdings bis heute nicht gefunden werden. Oder vielleicht doch? Dazu jetzt zu meiner Hypothese der inneren Welt.

Die Hypothese der inneren Welt

Die Erklärung der Verschränkung

Vor einigen Jahren beschäftigte ich mich intensiv mit unserem Bewusstsein. Und landete schnell bei der üblichen Frage: Wie wird es erzeugt? Das ist bislang ein völliges Rätsel. Ich fragte mich daher, warum wir dem Bewusstsein nicht näherkommen. Meine Vermutung war, dass es an unserem materiellen Weltbild liegt. Es besteht aus der materiellen Welt und aus der Welt der Mathematik. Die auf geheimnisvolle Weise miteinander verbunden sind. Denn mit einem winzigen Teil der Welt der Mathematik, das ist die Physik, lässt sich die materielle Welt beschreiben und erklären. Ich ging davon aus, dass wir mit diesen beiden Welten alleine dem Bewusstsein nie auf die Spur kommen. Man muss das materielle Weltbild ergänzen. Aber wie? Irgendwann hatte ich dann eine Idee. Wie Sie im letzten Kapitel gesehen haben, konnte für das völlig mysteriöse Phänomen der Verschränkung bislang keine Erklärung gefunden werden. Was ebenfalls darauf hinweist, dass eine Ergänzung unseres materiellen Weltbildes notwendig ist. Könnte es nicht sein, so meine Idee, dass die richtige Ergänzung des materiellen Weltbildes sowohl das Rätsel der Verschränkung als auch das

Rätsel des Bewusstseins löst? Konsequenterweise schaute ich mir dann die Verschränkung näher an.

Sie lässt sich nur so erklären, dass verschränkte Objekte trotz großer räumlicher Distanz irgendwie noch miteinander verbunden sind. In der materiellen Welt ist diese Verbindung zweifellos nicht vorhanden. Allerdings existiert sie in der vom Raum losgelösten Welt der Mathematik, denn verschränkte Objekte zeichnen sich ja dadurch aus, dass sie eine gemeinsame und untrennbare Wellenfunktion haben. Aber damit lässt sich die Verschränkung nicht erklären. Denn das würde einen Eingriff der materiellen Welt in die Welt der Mathematik erfordern. Was einen Tabubruch bedeutet, denn die Welt der Mathematik gilt als unveränderlich.

Ich ignorierte die Beschränkung auf das materielle Weltbild und ging dann davon aus, dass noch eine zweite Welt losgelöst vom Raum existiert. Die, das ist unbedingt notwendig, von der materiellen Welt verändert werden kann. Ich nenne sie die innere Welt. Mit ihr lässt sich die Verschränkung erklären, wie ich jetzt erläutern werde.

Schauen wir uns hierzu zwei Quantenobjekte A und B an, die beide in einem Superpositionszustand aus schwarz und weiß sind (selbstverständlich gibt es in der Quantenwelt keine echten Farben, sie stehen für abstrakte Eigenschaften). A und B vereinigen sich und bilden ein neues zusammengesetztes Quantenobjekt, nennen wir es AB. Die Besonderheit von AB ist, dass es nur die Farbe grau haben kann. Das bewirkt, dass es für AB nur zwei mögliche Zustände gibt: A = schwarz und B = weiß oder A = weiß und B = schwarz. Was bedeutet, dass die Farbe von A die Farbe von B bestimmt und umgekehrt. Das gilt, wenn A und B zusammenhängen. Es gilt aber auch dann noch, wenn A und B wieder getrennt werden und schließlich Lichtjahre voneinander entfernt sind. Genau das ist das Phänomen der Verschränkung.

Betrachten wir die Bildung von AB etwas genauer. Die Quantenmechanik sagt, dass sich AB nach seiner Bildung in einem Superpositionszustand aus den beiden möglichen Zuständen befindet. Ohne erklären zu können, wie es zum Superpositionszustand kommt. Er ist für die Quantenmechanik einfach „da", entspringt ihrem mathematischen Formalismus und wird von der Wellenfunktion dargestellt. Aber eine physikalische Begründung gibt es nicht. Das ist ja einer der Gründe, warum es eine fundamentalere Nachfolgetheorie für die Quantenmechanik geben muss. Die in der Lage ist, die Superpositionszustände zu erklären. Mit der inneren Welt ist das jetzt möglich, denn sie werden von ihr erzeugt. Bei AB geschieht das so: Im Moment seiner Bildung ist AB noch nicht in einem Superpositionszustand, sondern in einem einzigen Zustand. Also nur in einem der beiden möglichen Zustände. Von AB wird im Moment seiner Bildung ein Abbild aus reiner Information in der inneren Welt erzeugt. Was bedeutet, dass es in ihr von Abbildern von AB nur so wimmelt. Denn die Bildung von AB ist nicht etwas Einmaliges, AB's haben sich vielmehr in der Vergangenheit in der materiellen Welt bereits sehr oft gebildet. Und jede Bildung, ganz gleich wann und wo das geschah, führte zu einem neuen Abbild in der inneren Welt. Sie sind alle noch vorhanden, denn in der inneren Welt ist alles unvergänglich. Weil sie losgelöst von Raum und Materie ist. Alle Abbilder der AB's befinden sich in einem einzigen Zustand. Der ist entweder A = schwarz und B = weiß oder umgekehrt. Wobei die beiden Zustände zu je 50% vorkommen. Denn es gab sie mit gleicher Wahrscheinlichkeit bei der Bildung der AB's. Alle Abbilder passen zum von uns betrachteten sich bildenden AB. Denn sie stellen ja mögliche Zustände dar. Da sie passen, üben sie eine Wirkung auf AB aus: Es nimmt die Zustände aller dieser Abbilder an, sie überlagern sich und AB ist daher dann in einem Superpositionszustand aus den beiden möglichen Zuständen.

Jetzt werden A und B getrennt. Ihre räumliche Trennung hat aber keine Auswirkung auf die nicht-räumlichen Abbilder. Bei ihnen bleiben sie zwangsläufig zusammen. Und die Abbilder erzeugen weiterhin den gemeinsamen Superpositionszustand. Wenn A und B einige Lichtjahre voneinander entfernt sind, wird die Farbe von A bestimmt. Das ist eine Messung und eine einzige Farbe bleibt daher übrig. Nehmen wir an, es ist schwarz. Die innere Welt ist überall, daher sind die Abbilder der AB's überall. Sowohl bei A als auch bei B. Jetzt kommt der entscheidende Punkt zur Erklärung der Verschränkung: Die Messung von A mit dem Resultat A = schwarz bewirkt, dass alle Abbilder, bei denen A = weiß und B = schwarz ist, nicht mehr passen. Weil sie keine möglichen Zustände mehr sind. Das bedeutet, dass nur noch diejenigen Abbilder eine Wirkung auf A und auch auf B ausüben, bei denen A = schwarz und B = weiß ist. Dadurch verschwindet der Superpositionszustand von B. Es bekommt eine eindeutige Farbe, und zwar weiß. Das geschieht augenblicklich und über beliebige Entfernungen. So erklärt sich das Phänomen der Verschränkung.

Die Lösung des Messproblems

Und nun die Überraschung: Die innere Welt löst auch das Messproblem. Wie wir gesehen haben, gibt es zwar Vorschläge zu seiner Lösung, aber keiner ist überzeugend. Die Kopenhagener Deutung ist eine seltsame Mischung aus Quantenmechanik und klassischer

Physik, stellt ein Relikt aus der Vergangenheit dar. Die GRW-Theorie ist eine aufgepfropfte Ergänzung der Schrödinger-Gleichung ohne jeden Erklärungswert. Die Viele-Welten-Interpretation will unbedingt den mathematischen Formalismus retten, das wird aber viel zu teuer erkauft. Schließlich noch die De-Broglie-Bohm-Theorie. Sie liefert zwar eine durchaus überzeugende Lösung für das Messproblem, ist aber spekulativ, da sie sich, so wie die Viele-Welten-Interpretation, experimentell nicht nachweisen lässt. Wie ich jetzt erläutere, kann mit der inneren Welt das Messproblem auf einfache Art und Weise gelöst werden. Und sie lässt sich experimentell nachweisen, mehr dazu später.

Betrachten wir ein sich bildendes Wasserstoffatom. Das geschieht genau dann, wenn ein Elektron von einem Proton eingefangen wird. Wie erläutert, ist das Elektron bezüglich seiner Orte und Geschwindigkeiten in Superpositionszuständen. Gemäß der Quantenmechanik sind sie einfach „da". Tatsächlich aber werden sie von der inneren Welt erzeugt. Gemäß dem gleichen Prinzip wie weiter oben bei AB erläutert.

Genau im Moment seiner Bildung ist das Wasserstoffatom noch in einem einzigen Zustand. Das bedeutet, dass sich das Elektron an einem bestimmten Ort befindet. Es wird vom Wasserstoffatom ein Abbild in der inneren Welt erzeugt, das seinen einzigen

Zustand darstellt. Aber in der inneren Welt gibt es bereits sehr viele Abbilder von Wasserstoffatomen. Nämlich von allen, die sich irgendwo, irgendwann gebildet haben. Alle diese Abbilder sind in einem einzigen Zustand, es ist aber stets ein anderer. Bei allen Abbildern sind die Elektronen also jeweils an anderen Orten. Alle diese Abbilder stellen mögliche Zustände für das von uns betrachtete sich bildende Wasserstoffatom dar. Deshalb üben sie eine Wirkung aus: Es nimmt die Zustände aller dieser Abbilder an. So entsteht der Superpositionszustand seines Elektrons bezüglich der Orte. Das stellt den statischen Anfangszustand des sich gerade gebildeten Wasserstoffatoms dar. Im Grundzustand, also dem Zustand der niedrigsten Energie, bleibt es dabei. In den höheren Energiezuständen bewegt sich das Elektron. Aber nicht auf einer eindeutigen Bahn, es befindet sich vielmehr in einem Superpositionszustand aus unterschiedlichen Geschwindigkeiten. Der ergibt sich aus dem Superpositionszustand bezüglich der Orte.

Zusammengefasst gilt allgemein: Bei jeder Bildung eines Objekts kommt es zu einem Informationsaustausch zwischen der materiellen und der inneren Welt. Der sieht so aus, dass ein neues unvergängliches Abbild aus reiner Information geschaffen wird und die passenden bereits vorhandenen Abbilder die Superpositionszustände erzeugen (wichtig ist „passend"). Nennen wir ab sofort das Konzept, das auf der inneren Welt und dem Informationsaustausch zwischen ihr und der materiellen Welt basiert, die „Hypothese der inneren Welt", abgekürzt mit HIW. Eine Hypothese wird erst dann zu einer Theorie, wenn sie experimentell bestätigt wurde. Daher ist die De-Broglie-Bohm-Theorie eigentlich keine Theorie, sondern eine Interpretation, da sie ja exakt auf dem gleichen mathematischen Formalismus wie die Quantenmechanik basiert. Gleiches gilt für die Viele-Welten-Interpretation, für sie verwendet man den Ausdruck „Theorie" aber eher selten. Auch die HIW nutzt den gleichen mathematischen Formalismus wie die Quantenmechanik. Aber er wird, das ist völlig neuartig, um etwas ergänzt, das keine Mathematik darstellt. Nämlich um die innere Welt und ihren Informationsaustausch mit der materiellen Welt. Das bedeutet gleichzeitig die Ergänzung des in der Physik bislang in Stein gemeißelten materiellen Weltbildes.

Die HIW liefert die Erklärung für die Superpositionszustände, das kann die Quantenmechanik nicht: Es gibt sie, weil bei jeder Bildung eines Objekts alle passenden Abbilder auftauchen und sich überlagern. Das führt allerdings zu anderen Superpositionszuständen als bei der Quantenmechanik, denn sie enthalten nur diejenigen Zustände, die es bereits irgendwann, irgendwo in der materiellen Welt gegeben hat. Alle Atome und kleineren Moleküle gab es bereits in gigantischer Zahl. Entsprechend gigantisch ist daher die Menge der Abbilder in der inneren Welt. Was die Superpositionszustände derart umfangreich macht, dass sie von denen der Quantenmechanik experimentell nicht zu unterscheiden sind. Das ist wichtig, denn bei den Atomen und kleineren Molekülen stimmt die Quantenmechanik hervorragend mit der Realität überein. In dem Sinne, dass die von ihr gelieferten Wahrscheinlichkeiten ganz genau den experimentellen Ergebnissen entsprechen. Je größer aber ein Molekül, desto ausgeprägter die Unterschiede in den Superpositionszuständen. Damit lässt sich, wie ich jetzt erläutern werde, das Messproblem lösen. Und es macht die HIW experimentell nachweisbar.

Schließt man das Messobjekt, das sich in einem Superpositionszustand befindet, an das Messgerät an, dann geht es gemäß der Quantenmechanik auch in einen Superpositionszustand über. Der hat makroskopische Dimensionen, was zu absurden Situationen führt. Wie bei Schrödingers Katze. Aber es gibt diese makroskopischen Superpositionszustände überhaupt nicht und das ist das Messproblem. Mit der HIW lässt es sich erklären. Die Superpositionszustände werden mittels der passenden Abbilder erzeugt. Das Messgerät wäre also nur dann in einem makroskopischen Superpositionszustand, wenn es passende Abbilder geben würde. Die aber kann es nicht geben, da Messgeräte auf der makroskopischen Ebene stets einmalig sind. Es sei denn, die materielle Welt wäre unendlich groß. Aber gemäß heutigem Wissen ist das nicht der Fall, da die materielle Welt einen Anfang hatte. Messgeräte können sich folglich nie in makroskopischen Superpositionszuständen befinden, Was das Messproblem löst und zeigt, dass Schrödingers Katze entweder tot oder lebendig ist. Das gilt genauso für alle anderen großen Objekte um uns herum. Darum merken wir nichts von der seltsamen Quantenwelt.

Mehr zur Hypothese der inneren Welt

Was aber ist mit den Wellenfunktionen? Sie spielen ja die zentrale Rolle bei der Quantenmechanik. Ihre Rolle bei der HIW müssen wir uns daher etwas genauer anschauen. Betrachten wir hierzu wieder das Wasserstoffatom. Aus der Schrödinger-Gleichung lässt sich seine Wellenfunktion berechnen. Das Wasserstoffatom ist übrigens das einzige Atom, für das sie, das lernt man in der Anfängervorlesung über Quantenmechanik, ganz exakt berechnet werden kann. Für alle anderen Atome muss man aufwendige Näherungsmethoden anwenden. Die Wellenfunktion des Wasserstoffatoms liefert gemäß herkömmlicher Sicht die Wahrscheinlichkeiten für die Orte des Elektrons bei einer Ortsmessung. Wobei dabei unterstellt wird, dass es sich an allen Orten, für die die Wellenfunktion eine Wahrscheinlichkeit größer Null liefert, auch tatsächlich aufhalten kann. Die HIW zeigt, dass das nicht stimmt. Das Elektron kann sich nur an denjenigen Orten aufhalten, an denen es bereits gewesen ist. Bei irgendeinem Wasserstoffatom im Moment seiner Bildung. Ist die Wellenfunktion dann falsch? Nein, das ist sie nicht, man muss sie aber anders interpretieren. Sie liefert die Wahrscheinlichkeiten für die Orte des Elektrons im Moment der Bildung eines Wasserstoffatoms. Bis heute haben sie sich in gigantischer Zahl gebildet. Es lässt sich leicht zeigen (ich verzichte hier allerdings darauf), dass dann die neue und die alte Interpretation der Wellenfunktion experimentell nicht zu unterscheiden sind.

Die neue Interpretation gilt selbstverständlich nicht nur für die Wasserstoffatome, sie gilt allgemein. Und sie hat eine wichtige Konsequenz. Denn es verschwindet die Widersprüchlichkeit bei den Wellenfunktionen. Wie wir gesehen haben, werden sie ja bei jeder Messung aufgrund des Kollapses ungültig. Andererseits liefern sie gemäß der alten Interpretation die nur bei Messungen gültige Auswahlregel in Form der Wahrscheinlichkeiten. Bei der neuen Interpretation ist das nicht mehr der Fall, die von den Wellenfunktionen gelieferten Wahrscheinlichkeiten beziehen sich auf die Bildung von Objekten und haben nichts mehr mit Messungen zu tun.

Aber die Wellenfunktionen haben bei der HIW noch eine weitere Aufgabe. Denn die Superpositionszustände werden ja von den auftauchenden und sich überlagernden Abbildern erzeugt. Die müssen passen. Was ist das Kriterium für „passen“? Es ist die Übereinstimmung der Wellenfunktionen. Jedem sich in der materiellen Welt bildenden Objekt wird eine Wellenfunktion zugeordnet. Genauso jedem Abbild in der inneren Welt. Und es tauchen bei einer Bildung genau diejenigen Abbilder auf, deren Wellenfunktionen mit der des sich bildenden Objekts übereinstimmen.

Man kann es auch so formulieren: Die HIW führt zur Überlagerung von unterschiedlichen Raumzeitbereichen mir gleicher Wellenfunktion. Das muss ich vermutlich erläutern. Betrachten wir hierzu das allererste Wasserstoffatom, welches sich in der materiellen Welt gebildet hat. Das wird etwa 400.000 Jahre nach dem Urknall (der geschah vor 13,7 Milliarden Jahren) passiert sein. Da hatte sich die materielle Welt soweit abgekühlt, dass Elektronen von den Protonen eingefangen werden konnten. Zumindest die drei leichtesten Atome wurden dann gebildet, die Wasserstoff-,

Helium- und Lithiumatome. Alle schwereren Atome aber wurden erst viel später in den Sternen ausgebrütet. Wir sind also tatsächlich Sternenstaub.

Zurück zum allerersten Wasserstoffatom. Es entstand zu einem bestimmten Zeitpunkt an einem bestimmten Ort. Wobei mit Ort ein Raumbereich gemeint ist, denn das Wasserstoffatom ist ja räumlich ausgedehnt. Zeitpunkt und Raumbereich zusammen bildeten den Raumzeitbereich, an dem sich das erste Wasserstoffatom gebildet hat. Ihm wurde die von der Schrödinger-Gleichung gelieferte Wellenfunktion zugeordnet. Im Moment der Bildung war das Elektron an einem bestimmten Ort, nicht in einem Superpositionszustand. Und es wurde in der inneren Welt ein Abbild vom ersten Wasserstoffatom erzeugt. So wie es im Moment der Bildung aussah, also mit dem Elektron an einem bestimmten Ort. Dem Abbild wurde ebenfalls die Wellenfunktion des Wasserstoffatoms zugeordnet. Mehr passierte nicht. Jetzt zum zweiten Wasserstoffatom in der materiellen Welt. Vermutlich hat es sich viele Lichtjahre entfernt von ersten Wasserstoffatom gebildet. Also in einem ganz anderen Raumzeitbereich, aber mit identischer Wellenfunktion. Auch bei ihm war das Elektron im Moment der Bildung an einem bestimmten Ort, es war allerdings ein anderer als beim ersten Wasserstoffatom. Auch vom zweiten Wasserstoffatom wurde ein Abbild erzeugt, mit identischer Wellenfunktion. Das bewirkte etwas: Aufgrund der identischen Wellenfunktion passte das Abbild des zweiten Wasserstoffatoms zum ersten Wasserstoffatom und umgekehrt. Daher waren beide dann in einem Superpositionszustand, mit dem Elektron jeweils an zwei Orten. Ich denke, es ist klar, wie es weiterging. Mit jedem neuen Wasserstoffatom bekamen die Elektronen aller bereits vorhandenen Wasserstoffatome einen zusätzlichen Ort in ihren Superpositionszuständen. Zurückführen lässt sich das auf die identischen Wellenfunktionen der jeweiligen Raumzeitbereiche der Wasserstoffatome. Oder etwas anders und allgemeiner ausgedrückt: Über den Umweg der Abbilder überlagern sich alle Raumzeitbereiche mit identischer Wellenfunktion.

Es ist diese Überlagerung, die für die Quantenwelt sorgt. Denn sie bewirkt, dass jeder Raumzeitbereich mehr Information enthält als gemäß der klassischen Physik. Nämlich die Information aus allen anderen Raumzeitbereichen mit identischer Wellenfunktion. Je größer der betrachtete Raumzeitbereich, desto mehr Information kommt zwar aus jedem der anderen Raumzeitbereiche mit identischer Wellenfunktion. Aber mit zunehmender Größe gibt es immer weniger von ihnen. Daher kehrt sich irgendwann der Effekt um und die

Zusatzinformation nimmt mit weiter zunehmender Größe wieder ab. Was wir direkt wahrnehmen, also die makroskopischen Objekte in unserer Umgebung, enthält keinerlei Zusatzinformation, weil es bei ihnen keine anderen Raumzeitbereiche mit identischer Wellenfunktion gibt. Daher verschwinden bei ihnen alle Quanteneffekte und man kann sie mit der klassischen Physik sehr gut beschreiben.

Der experimentelle Nachweis der inneren Welt

Eine „gute" Theorie, so die gängige Meinung, muss falsifizierbar sein. Damit meint man, dass sich Experimente durchführen lassen, die die Theorie bestätigen oder widerlegen. Das ist bei der HIW möglich. Denn sie führt zu anderen Superpositionszuständen als die Quantenmechanik. Sie enthalten nicht alle Zustände, die möglich sind, sondern nur diejenigen, die es bereits gegeben hat. Bei den Atomen und kleineren Molekülen macht das heute keinen messbaren Unterschied mehr (das ist wichtig, denn da funktioniert die Quantenmechanik ja ganz hervorragend). Je größer aber ein Objekt, desto ausgeprägter der Unterschied. Schon sehr große Moleküle haben ganz andere Superpositionszustände als gemäß der Quantenmechanik. Der experimentelle Nachweis dieser ganz anderen Superpositionszustände würde die HIW bestätigen und sie zu einer

„echten“ Theorie machen. Hier ein Vorschlag für ein entsprechendes Experiment:

Kunststoffe bestehen aus riesigen Molekülen, sogenannten synthetischen Polymermolekülen. Sie zeichnen sich dadurch aus, dass sie in der Natur nicht vorkommen. Es stellt daher kein Problem dar, in der Praxis geschieht das oft, ein neues Polymermolekül zu erzeugen, das es hier auf der Erde bislang nicht gegeben hat. Gehen wir weiterhin davon aus, dass es dieses Polymermolekül noch nirgends in der materiellen Welt gegeben hat. Das könnte kritisch sein, wenn sie voller Planeten mit hochentwickelten Lebewesen ist.

Das neue Polymermolekül gleicht einer Perlenkette, wobei jede Perle ein kleines Molekül darstellt. Es gibt von ihnen zwei verschiedene, nennen wir sie A und B. Entscheidend ist, dass sich A und B beliebig anordnen lassen. Nehmen wir vereinfachend an (das ändert nichts am Prinzip), dass das neue Polymermolekül sehr klein ist. Es entspricht einer Kette aus nur vier Perlen mit jeweils zwei A und zwei B. Dann sind sechs verschiedene Anordnungen der A und B möglich, hergestellt werden aber nur zwei. Man stellt insgesamt 600 Polymermoleküle her, die eine Anordnung 540 Mal, die andere 60 Mal.

Danach werden diese 600 Polymermoleküle vollkommen von ihrer Umgebung isoliert. Dann gehen sie in Superpositionszustände über. Gemäß der Quantenmechanik bestehen die Superpositionszustände jeweils aus allen sechs verschiedenen Anordnungen. Und alle haben die gleiche Wahrscheinlichkeit von 1/6 = 16,66 %. Gemäß der HIW bestehen die Superpositionszustände jeweils nur aus denjenigen Anordnungen, die es bereits gegeben hat. Also nur aus zwei. Die eine hat eine Wahrscheinlichkeit von 540/600 = 90 %, die andere von 60/600 = 10 %.

Danach werden die Polymermoleküle wieder in enge Wechselwirkung mit ihrer Umgebung gebracht. Das entspricht einer Messung. Dadurch kollabieren alle Superpositionszustände und jeweils eine einzige Anordnung bleibt übrig. Hat die Quantenmechanik recht, dann werden alle sechs Anordnungen je ca. 100 Mal übrigbleiben. Stimmt hingegen die HIW, dann bleiben nur zwei Anordnungen übrig, die eine ca. 540 Mal, die andere ca. 60 Mal.

Wie Bewusstsein entsteht

Wie zu Beginn dieses Kapitels mitgeteilt, suchte ich vor einigen Jahren nach der Erklärung für unser Bewusstsein. Das führte mich, über den Umweg der

Verschränkung, zur HIW. Kann sie unser Bewusstsein erklären? Das ist so, wie ich jetzt erläutern werde.

Sie sitzen am Strand und beobachten den Sonnenuntergang. Woher kommt sein Rot? Das konnte bislang keiner sagen. Zwar gibt es einen engen Zusammenhang zwischen der Gehirnaktivität und den Inhalten des Bewusstseins. Aber eben nur den Inhalten, es ist völlig unklar, woher das Bewusstsein selbst kommt. Die HIW liefert die Erklärung.

Sie besagt, dass es neben der materiellen Welt auch noch eine von Raum und Materie losgelöste innere Welt gibt. Ist sie die Welt des Bewusstseins? Das drängt sich auf. Und schon sind wir beim sogenannten Dualismus. Der geht auf den Franzosen René Descartes (1596 – 1650) zurück, der sehr vielseitige Interessen hatte. Er war Jurist, Mathematiker, Physiker und Philosoph. Aber auch Soldat im Dreißigjährigen Krieg. Descartes jedenfalls sagte, dass Geist (= Bewusstsein) und Materie zwei völlig verschiedene Dinge sind. Die Materie ist ausgedehnt, man kann sie wahrnehmen. Der Geist ist nicht ausgedehnt, man kann ihn daher auch nicht direkt wahrnehmen. Dem gegenüber steht der Monismus. Er besagt, dass Materie und Geist das Gleiche sind. Der Geist gehört also untrennbar zur Materie. Er ist eine Eigenschaft der Materie. Die heutigen Philosophen und auch die Neurowissenschaftler sind Anhänger des

Monismus. Das liegt am großen Schwachpunkt des Dualismus. Er kann nämlich nicht erklären, wie der Geist, so wie das im Gehirn geschieht, mit der Materie wechselwirkt. Allerdings hat auch der Monismus ein riesiges Problem. Denn wie die Materie den Geist hervorbringt, das kann er nicht sagen, auch nicht ansatzweise.

Die innere Welt ist die Welt des Bewusstseins und damit des Geistes. Das ist purer Dualismus. Aber die innere Welt beseitigt seinen Schwachpunkt, denn mit ihr lässt sich erklären, wie der Geist mit der Materie wechselwirkt. Die innere und die materielle Welt sind nämlich aufs Engste miteinander verbunden, denn es herrscht zwischen ihnen ein intensiver Informationsaustausch. Der findet bei jeder Bildung eines Atoms oder Moleküls statt. Zum Beispiel, wenn ein Elektron von einem Proton eingefangen wird. Das führt zur Bildung eines neuen Wasserstoffatoms. Bei jeder Bildung passiert zweierlei. Erstens wird vom sich bildenden Atom oder Molekül ein Abbild aus reiner Information in der inneren Welt erzeugt. Anders ausgedrückt: Sich neu bildende Materie erzeugt neuen Geist. Zweitens tauchen alle bereits in der inneren Welt vorhandenen und passenden Abbilder am Ort des sich bildenden Atoms oder Moleküls auf und erzeugen seine Superpositionszustände. Anders ausgedrückt: Bei sich neu bildender Materie taucht der Geist in Form der passenden Abbilder auf, verändert die Materie und sorgt so für deren Stabilität. Das stellt die vom Dualismus gesuchte Wechselwirkung zwischen Geist und Materie dar und sie liefert den Schlüssel zum Bewusstsein: Es sind die auftauchenden Abbilder, die das darstellen, was wir unter Bewusstsein verstehen. Schon ein Atom oder Molekül hat also Bewusstsein. Allerdings nur im Moment seiner Bildung, wenn der Geist auftaucht, in Form der Abbilder aus der inneren Welt. Sobald die Bildung abgeschlossen ist, ziehen sich die Abbilder wieder zurück und das Bewusstsein verschwindet. Das kann man das Grundprinzip des Bewusstseins nennen. Selbstverständlich ist das Bewusstsein eines Atoms oder Moleküls nicht mit unserem menschlichen Bewusstsein zu vergleichen. Aber es bildet seine Grundlage, wie ich jetzt erläutern werde.

Das Gehirn besteht aus 100 Milliarden Zellen, die nennt man Neuronen. Sie haben eine Besonderheit, denn sie geben Salven von elektrischen Impulsen ab. Dazu sagt man griffig, dass sie feuern. Mit den elektrischen Impulsen regen sie sich gegenseitig an. Aufgebaut ist das Gehirn aus Modulen, das sind Gruppen von Neuronen, die jeweils für eine bestimmte Aufgabe stehen. Zum Beispiel für die Farbe oder die Form eines betrachteten Objekts.

Wenn wir bei Bewusstsein sind, dann gibt es immer ein großes Netzwerk aus vielen besonders eng miteinander verbundenen Modulen. Sie tragen alle zum Bewusstsein bei. Wobei die Neurowissenschaftler nicht sagen können, wie sie zum Bewusstsein beitragen Sie können nur sagen, dass sie zu ihm beitragen. Wie sieht die besonders enge Verbundenheit der Module im Bewusstseins-Netzwerk aus? Dazu liegt eine klare Erkenntnis vor: Das Feuern ihrer Neuronen erfolgt nach Art eines Orchesters [18]. Viele Instrumente spielen gleichzeitig, aber ihre Zusammensetzung ändert sich ständig. Es gibt daher immer einen Satz von gleichzeitig feuernden Neuronen. Hierzu sagt man, dass sie synchron feuern. Das bedeutet, dass sie ihre elektrischen Impulse immer genau zur gleichen Zeit abgeben. Wobei der Satz der synchron feuernden Neuronen sich ständig verändert. Ihm gehören zu unterschiedlichen Zeitpunkten stets andere Neuronen an. Innerhalb des Bewusstseins-Netzwerks existiert somit eine enge zeitliche Abstimmung zwischen den Neuronen. Das ist sein Alleinstellungsmerkmal und garantiert die koordinierte Zusammenarbeit seiner Neuronen. Sie ist extrem wichtig für unser Verhalten, denn aus dem Bewusstseins-Netzwerk kommen die Anweisungen für unser bewusstes Handeln.

Nochmals das Grundprinzip des Bewusstseins: Bei jeder Bildung eines Atoms oder Moleküls taucht der Geist in der materiellen Welt auf, in Form der passenden Abbilder aus der inneren Welt. Die auftauchenden Abbilder stellen Bewusstsein dar. Schon jedes Atom oder Molekül hat also Bewusstsein, allerdings nur im Moment seiner Bildung. Wenn diese abgeschlossen ist, ziehen sich die Abbilder wieder zurück und das Bewusstsein verschwindet.

Nicht nur im Gehirn, sondern überall im menschlichen Körper werden ständig Moleküle in riesiger Zahl gebildet. Und alle haben im Moment ihrer Bildung Bewusstsein. Daher sollten wir ein Ganzkörper-Bewusstsein besitzen, bestehend aus der Gesamtheit der Mini-Bewusstseins aller sich im ganzen Körper bildenden Molekülen. Unser Bewusstsein ist aber völlig anders. Erstens ist es im Gehirn konzentriert und nicht über den ganzen Körper verteilt. Und zweitens ist es hochgradig strukturiert. Wohingegen das Ganzkörper-Bewusstsein zu einem Informationsbrei führen sollte. Das ist zu klären.

Fragen wir uns zunächst, was die sich bildenden Moleküle sind, die im Gehirn das Bewusstsein bewirken. Da drängt sich etwas auf: die Synapsen. Sie sitzen in den Verbindungsleitungen zwischen den Neuronen und sind kleine Verdickungen mit einem

Spalt. Es gibt sie in riesiger Zahl, auf ein Neuron kommen etwa 1000 Synapsen. Trifft ein elektrischer Impuls auf eine von ihnen, so kann er sie aufgrund des Spalts nicht überwinden. Er setzt aber kleine Moleküle frei, die sogenannten Neurotransmitter. Diese durchqueren den Spalt und docken auf der anderen Seite an riesige Moleküle, die Rezeptormoleküle, an. Das wiederum löst eine elektrische Erregung aus, die sich weiter fortpflanzt in Richtung des nächsten Neurons. So hat der elektrische Impuls den Spalt letztlich doch überwunden. Das Andocken der Neurotransmitter an die Rezeptormoleküle bewirkt ihre Neubildung. Denn die Neurotransmitter reagieren mit ihnen, und es entstehen vergrößerte Rezeptormoleküle. Die haben eine andere Form als die ursprünglichen Rezeptormoleküle. Diese veränderte Form löst zahlreiche Effekte aus. Der wichtigste ist die erwähnte elektrische Erregung.

Jedes Rezeptormolekül hat im Moment seiner Neubildung Bewusstsein. Aber sie sind überall im Gehirn vorhanden. Warum wird dann unser Bewusstsein nur von den Rezeptormolekülen des Bewusstseins-Netzwerks erzeugt? Wie schon festgestellt, weist es ein Alleinstellungsmerkmal auf. Das ist die zeitliche Abstimmung und sie führt dazu, dass ein Teil seiner Neuronen synchron feuert. Das bewirkt einen Verstärkungseffekt, weil sich die Rezeptormoleküle in ihren

Verbindungsleitungen alle gleichzeitig neu bilden. Dadurch kommt es zum gleichzeitigen Auftauchen der entsprechenden passenden Abbilder aus der inneren Welt. Die sich, da sie nicht vollständig lokalisiert sind, überlagern und so gegenseitig verstärken.

Aufgrund dieses Verstärkungseffekts dominieren die im Bewusstseins-Netzwerk auftauchenden Abbilder in unserem Bewusstsein. Alle anderen sich nicht-synchron neu bildenden Rezeptormoleküle im Gehirn und alle im übrigen Körper sich bildenden Moleküle führen zwar ebenfalls zu Bewusstsein, das wird aber vom Verstärkungseffekt des Bewusstseins-Netzwerks völlig überdeckt.

Der Verstärkungseffekt aufgrund des synchronen Feuerns der Neuronen erklärt zwar, warum das Bewusstseins-Netzwerk dominiert. Er erklärt aber nicht die Strukturierung des Bewusstseins. Denn wenn Sie vor sich eine rote Kugel und einen blauen Würfel nebeneinander auf dem Tisch liegen sehen, dann sind die rote Kugel und der blaue Würfel in Ihrem Bewusstsein getrennt. Würden die bewusstseins-bildenden Neuronen alle völlig synchron feuern, dann gäbe es in Ihrem Bewusstsein eine Überlagerung der roten Kugel und des blauen Würfels und keine Trennung der beiden Objekte.

Das Gehirn ist aber raffinierter. Denn wie schon erläutert, feuern die Neuronen des Bewusstseins-Netzwerks nach Art eines Orchesters. Das bedeutet, dass sie nicht alle synchron feuern, sondern zeitlich fein abgestimmt. Wenn Sie die rote Kugel und den blauen Würfel betrachten, dann sind vier Module aktiv. Zwei für die Formen „Kugel“ und „Würfel“, und zwei für die Farben „Rot“ und „Blau“. Die Module „Kugel“ und „Rot“ feuern völlig synchron, daher sehen sie die rote Kugel und nicht „Rot“ und „Kugel“ getrennt. Gleiches gilt für den blauen Würfel. Woher aber kommt die Trennung zwischen der roten Kugel und dem blauen Würfel? Die Ursache hierfür besteht darin, dass die Module der roten Kugel und des blauen Würfels zeitlich zueinander versetzt feuern. Das bewirkt die Trennung der roten Kugel und des blauen Würfels im Bewusstsein. Es ist genau dieses Prinzip der zeitlichen Abstimmung, das zu unserem strukturierten Bewusstsein führt.

Mit ihm untrennbar verbunden ist das Ich-Gefühl. Mein Bewusstsein sagt mir, dass „Ich“ existiere. Wie entsteht dieses Ich-Gefühl? Dazu wieder zurück zum Grundprinzip des Bewusstseins. Jedes Atom oder Molekül hat im Moment seiner Bildung Bewusstsein, denn es nimmt die bei ihm auftauchenden Abbilder aus der inneren Welt wahr, die es in die Existenz befördern.

Es nimmt sich also selbst wahr. Das bedeutet, dass schon vom Grundprinzip her Bewusstsein stets ein Ich-Bewusstsein darstellt, also das Ich-Gefühl hervorruft. Unser menschliches Bewusstsein basiert auf diesem Grundprinzip, daher ist es zwangsläufig auch mit dem Ich-Gefühl verbunden. Streng genommen sind wir extrem viele Mini-Ichs aus allen sich jeweils gerade im Körper neu bildenden Molekülen. Aber im Bewusstseins-Netzwerk werden die Mini-Ichs aufgrund seiner zeitlich abgestimmten Aktivität gebündelt. Das bewirkt unser einheitliches Ich-Gefühl.

Ich hatte also mein Ziel erreicht, denn die Erklärung der Verschränkung führte mich zur HIW und die stellt die gesuchte Ergänzung des materiellen Weltbildes dar. Was, wie von mir erhofft, die Erklärung des Bewusstseins möglich macht. Aber das war noch nicht alles, wie Sie jetzt sehen werden.

Gibt es ein Leben nach dem Tod?

Die innere Welt ist losgelöst von Raum und Materie. Daher ist alles in ihr unvergänglich. Wenn es von jedem von uns „etwas“ in ihr gäbe, dann würde das unseren Tod überdauern. Schauen wir uns hierzu die innere Welt näher an.

Jede Bildung eines Atoms oder Moleküls erzeugt ein neues Abbild in der inneren Welt. Alle Lebewesen zeichnen sich durch höchste Aktivität in Form von chemischen Reaktionen aus. Das bedeutet die Bildung von Molekülen und damit auch von Abbildern in riesiger Menge. Schon ein Bakterium sammelt aufgrund seiner immensen Aktivität eine unermessliche Zahl von Abbildern in der inneren Welt an. Wir Menschen noch ungleich mehr. Es beginnt mit der Befruchtung der Eizelle und endet mit den letzten reagierenden Molekülen kurz nach dem Tod. Unser ganzes Leben besteht aus der massenhaften Bildung von Molekülen und der damit verbundenen Erzeugung von neuen Abbildern. Unser ganzes Leben ist daher in der inneren Welt abgebildet.

Die kleineren Moleküle im menschlichen Körper gibt es genauso bei allen Lebewesen. Etwas größere teilen wir mit den Säugetieren, noch größere sind spezifisch für alle Menschen. Ab einer gewissen Größe werden die Moleküle individuell. Das heißt, man findet sie nur bei einem einzigen Menschen und sonst nirgends in der materiellen Welt. Entsprechend sind auch die bei ihrer Bildung erzeugten Abbilder individuell. Nennen wir die Gesamtheit der individuellen Abbilder eines Menschen seinen inneren Körper. Jeder von uns besitzt daher neben seinem vergänglichen materiellen Körper einen unvergänglichen Körper in der inneren Welt. Er ist unser „Ich“, man könnte ihn auch unsere Seele nennen.

Während des irdischen Lebens liefert der innere Körper alle seine Abbilder, aus denen er besteht, an den materiellen Körper. An die sich massenhaft neu bildenden Moleküle. Das erzeugt unser Bewusstsein und das damit verbundene Ich-Gefühl. Was mir zeigt, dass ich existiere. Man kann es auch so formulieren: Die Aktivität des materiellen Körpers bewirkt, dass der innere Körper, das „Ich", an ihn gebunden ist. Das führt dazu, dass unser jetziges Bewusstsein isoliert ist und vom Gehirn strukturiert wird. Das ändert sich radikal mit dem Tod, denn dann hört die Neubildung der Moleküle auf. Der innere Körper löst sich dadurch vom materiellen Körper und schließt sich dem Bewusstsein der inneren Welt an. Zur Erinnerung: Die innere Welt stellt reines Bewusstsein dar. Und sie ist ein einziges Bewusstsein, da alles in ihr miteinander verbunden ist. Bedeutet das ein neues Leben? Dafür ist zu klären, ob der innere Körper, das „Ich", nach dem Tod etwas erlebt. Denn unter einem neuen Leben verstehen wir immer ein Leben mit einem Erleben.

Wie kommt es zum Erleben im jetzigen Leben? Das macht das Gehirn, indem es das Bewusstsein ständig verändert. Es ist diese Veränderung, die das Erleben bewirkt. Auch die innere Welt wird ständig verändert, daher gibt es in ihr ebenfalls ein Erleben. Was verändert die innere Welt? Es ist die materielle Welt, indem sie in unermesslicher Zahl neue Abbilder an sie schickt. Sie sind es, die die innere Welt erlebt.

In ihr gibt es keine Trennung, unser innerer Körper ist nach dem Tod dort mit allem anderen verbunden. Daher erleben wir nach dem Tod genau das, was die innere Welt erlebt. Nämlich alle neuen Abbilder, die in ihr auftauchen.

Das bedeutet, dass wir nach unserem Tod alles erleben werden, was in der materiellen Welt passiert. Aber auf eine ganz andere Art und Weise, als wir jetzt die materielle Welt erleben. Jetzt wird unser gesamtes Erleben vom Gehirn geliefert. Es stellt eine Konstruktion unseres Gehirns dar. Wobei, ich will das nochmals betonen, die Bausteine für das Konstruieren aus der inneren Welt kommen. Nach dem Tod wird unser Erleben von der inneren Welt konstruiert. Zwar ist unser „Ich" nach dem Tod noch vorhanden. Es ist aber nicht mehr so wie im jetzigen Leben isoliert. Daher gibt es nach dem Tod kein individuelles Erleben mehr. Alle erleben das Gleiche. Jetzt erleben wir einen extrem winzigen Teil der materiellen Welt. Im neuen Leben erleben wir die gesamte materielle Welt. Was das bedeutet, können wir uns nicht vorstellen.

Die letzte Frage

Kommen wir zum Abschluss jetzt zur Frage aller Fragen. Sie lautet: Warum existiert die materielle Welt? Es gibt zwei Antworten: Zufall oder Absicht.

Gemäß aktueller Physik ist die materielle Welt beim Urknall aus dem Nichts entstanden, aus einer zufälligen Quantenfluktuation heraus. Aber das war kein völliges Nichts, denn es muss ja losgelöst von der materiellen Welt die Möglichkeit für die Quantenfluktuation gegeben haben. Und irgendetwas muss diese Möglichkeit aktiviert haben, wodurch es zum Urknall kam. Hinzu kommt die völlig unwahrscheinliche Feinabstimmung der Naturkonstanten. Der Zufall kann bei ihr nur mittels des Multiversums gerettet werden.

Die Verfechter des Zufalls haben somit drei Probleme. Sie können nicht sagen, wer die Möglichkeit für die Quantenfluktuation geschaffen hat, sie wissen nicht, wer die Möglichkeit aktiviert hat und das Multiversum lässt sich experimentell nicht nachweisen.

Die drei Probleme werden mit einem Schlag gelöst, wenn Gott existiert, wenn also hinter der materiellen Welt eine Absicht steht. Aber die Existenz Gottes ist spekulativ. Bedeutet das ein Unentschieden zwischen Zufall und Absicht? Die innere Welt bringt einen neuen Aspekt.

Bei jeder Bildung eines Atoms oder Moleküls wird ein unvergängliches Abbild in der inneren Welt erzeugt. Das bedeutet, dass sie das perfekte Gedächtnis darstellt. Alles, was in der materiellen Welt bislang passiert ist, selbst die kleinste Kleinigkeit, ist in der inneren Welt für immer archiviert.

Wenn alles reiner Zufall wäre, warum sollte es dann für immer archiviert werden? Das passt doch überhaupt nicht zusammen. Aber es passt zur Absicht. Denn wenn etwas absichtlich erzeugt wird, dann soll es nicht wieder vernichtet werden. Dann soll es für immer erhalten bleiben. Daher wird durch die HIW die Absicht gegenüber dem Zufall deutlich gestärkt. Die Absicht bedeutet die Existenz einer höheren Wirklichkeit. Die kann man Gott nennen. Aber ist dieser Gott der Absicht auch der Gott der Religionen? Also der Gott der Christen, oder Allah, der Gott der Moslems? Sie sind keine abstrakten Wesenheiten, sondern personale Götter. Man betet sie an, man bittet sie um etwas. Der sich aus der HIW ergebene Gott könnte zwar ein personaler Gott sein, das folgt aber nicht aus ihr. Man kann nur schließen, dass die materielle Welt mit Absicht geschaffen wurde und nicht auf einem Zufall beruht.

Gehen wir zurück ins Mittelalter. Das war zwar gefährlich, aber weltbildmäßig unkompliziert. Es dominierte in Europa das christliche Weltbild. Alles, was ihm widersprach, wurde bekämpft. Man war gläubiger Christ oder in großer Lebensgefahr. Dann kamen die modernen Naturwissenschaften. Sie waren und sind durch einen tiefen Graben vom Christentum (und allen anderen Religionen) getrennt. Aber sie wurden zur neuen Macht und drängten das Christentum mehr und mehr zurück.

Sind die Menschen heute zufriedener als im Mittelalter? Zweifellos ist das Leben sicherer, wir müssen nicht mehr ums Überleben kämpfen. Aber es fehlt etwas. Denn die Naturwissenschaften bringen keine Hoffnung. Für sie ist alles sinnlos, Gott existiert nicht und das Leben nach dem Tod wird vehement abgelehnt. Trotzdem gibt es kein erneutes Erstarken der christlichen Kirchen. Weil erstens sehr viele Menschen den Amtskirchen skeptisch gegenüberstehen. Und weil zweitens der Widerspruch zu den Naturwissenschaften viel zu groß ist. Die HIW liefert eine Brücke, denn sie greift tief in Themen hinein, die bislang den Religionen vorbehalten waren. Das könnte bedeuten, sofern sie Beachtung und Akzeptanz findet, dass sich in der Zukunft der Konflikt zwischen den Religionen und den Naturwissenschaften entschärfen wird. Möglicherweise wird es sogar ganz neue Formen von Religionen geben, die nicht ausschließlich auf alten Überlieferungen beruhen, sondern in die auch moderne naturwissenschaftliche Erkenntnisse integriert werden. Wird das die Menschen zufriedener machen? Ich denke schon.

Literatur

[1]: R. Penrose, Der Weg zur Wirklichkeit, Spektrum, 2010

[2] M. Tegmark, Unser mathematisches Universum: Auf der Suche nach dem Wesen der Wirklichkeit, Ullstein, 2016

[3]: B. Cox, J. Forshaw, Warum ist E = mc2?, Franckh-Kosmos, 2015

[4]: T. Fließbach, Allgemeine Relativitätstheorie, Springer Spektrum, 2016

[5]: H. Grote, Gravitationswellen: Geschichte einer Jahrhundertentdeckung, C.H. Beck, 2018

[6]: N. Gisin, Der unbegreifliche Zufall, Springer Spektrum, 2014

[7]: W. Moore, Erwin Schrödinger: Eine Biographie, wbg Theiss, 2015

[8]: H. Lesch, Die Entdeckung des Higgs-Teilchens: Oder wie das Universum seine Masse bekam, btb, 2015

[9]: R. Feynman, QED: Die seltsame Theorie des Lichts und der Materie, Piper, 1992

[10]: G. Ecker, Teilchen, Felder, Quanten: von der Quantenmechanik zum Standardmodell der Teilchenphysik, Springer, 2017

[11]: P. Davies, Der kosmische Volltreffer, Campus, 2008

[12]: S. Hossenfelder, Lost in Math: How Beauty Leads Physics Astray , Basic Books, 2018

[13]: A. Goswani, Das bewusste Universum, Lüchow, 2013

[14]: P. Byrne, Viele Welten. Hugh Everett III. ein Familiendrama zwischen kaltem Krieg und Quantenphysik. Springer, 2012

[15]: B. S. DeWitt: Quantum mechanics and reality. In: physicstoday. Vol. 23, Nr. 9, 1970

[16]: J. Bricmont, Quantensinn und Quantenunsinn: Determinismus, Lokalität und offene Fragen der Quantenmechanik, Springer, 2018

[17]: C. Friebe, M. Kuhlmann, Philosophie der Quantenphysik, Springer Spektrum, 2014

[18]: P. Nunez, The New Science of Consciousness, Prometheus Books, 2016

31847458R00075

Printed in Poland
by Amazon Fulfillment
Poland Sp. z o.o., Wrocław